CAPITALISMO
E URBANIZAÇÃO

REPENSANDO A GEOGRAFIA

CAPITALISMO E URBANIZAÇÃO

MARIA ENCARNAÇÃO
BELTRÃO SPOSITO

editora**contexto**

Copyright© 1988 Maria Encarnação Beltrão Sposito
Todos os direitos desta edição reservados à
Editora Contexto (Editora Pinsky Ltda.)

Coordenador
Ariovaldo U. de Oliveira

Projeto gráfico e de capa
Sylvio de Ulhoa Cintra Filho

Ilustração de capa
Os lugares sagrados de Jerusalém, registrados
num manuscrito sérvio de 1662.
Do livro *Jerusalem, sacred city of making: a history
of forty centuries*, de Tedd Kollek e Moshe Pearlman.
Steimarzky's Agency Ltd. Jerusalém, 1975.

Desenhos
Akemi Shimasaki

Composição
Veredas Editorial/Texto & Arte Serviços Editoriais

Dados Internacionais de Catalogação na Publicação (CIP)
(Câmara Brasileira do Livro, SP, Brasil)

Sposito, Maria Encarnação Beltrão.
Capitalismo e urbanização / Maria Encarnação Beltrão Sposito. –
16. ed., 8ª reimpressão. – São Paulo : Contexto, 2024.
(Repensando a Geografia)

Bibliografia
ISBN 978-85-85134-27-3

1. Capitalismo 2. Urbanização I. Título

19.CDD-330.122
-307.76

Índices para catálogo sistemático:
1. Capitalismo 330.122
2. Urbanização 307.76

2024

Editora Contexto
Diretor editorial: *Jaime Pinsky*

Rua Dr. José Elias, 520 – Alto da Lapa
05083-030 – São Paulo – SP
PABX: (11) 3832 5838
contato@editoracontexto.com.br
www.editoracontexto.com.br

Proibida a reprodução total ou parcial.
Os infratores serão processados na forma da lei.

S U M Á R I O

A autora no Contexto 9

1. A Urbanização Pré-Capitalista 11

2. A Urbanização Sob o Capitalismo 30

3. Industrialização e Urbanização 42

4. Urbanização e Capitalismo Monopolista 61

Sugestões de Leitura 76

O Leitor no Contexto 78

Ao Armen,
professor e amigo de sempre,
de cujas aulas me veio a vontade de entender o urbano.

Aos meus amigos do Departamento de Geografia,
que vêm trabalhando na perspectiva
de construir o melhor.

A AUTORA NO CONTEXTO

Maria Encarnação Beltrão Sposito nasceu em São Paulo, formou-se em Geografia pela UNESP (Presidente Prudente), concluiu doutorado na USP e pós-doutorado na Sorbonne. Trabalhou como professora de 1º e 2º graus em escolas de periferia de São Paulo, experiência que lhe valeu muito amadurecimento. Casada e mãe de Caio e Ítalo, arrola como fontes de lazer fuçar histórias de família e fotografias antigas, receber muitas visitas e cozinhar. É fã de Caetano Veloso e leitora apaixonada de Fernando Pessoa. A seguir, Maria Encarnação responde a três perguntas:

1. Qual a importância do estudo histórico das cidades para a Geografia?
R. Parece-me fundamental recuperar a História não apenas para a reflexão sobre o urbano, mas para se fazer uma Geografia para além da paisagem, para além do que os nossos sentidos podem perceber. O corte no tempo, sem a recuperação histórica, conduz ao estudo de um espaço estático, de uma cidade apenas formal. É preciso considerar todas as determinantes econômicas, sociais, políticas e culturais, que no correr do tempo, constroem, transformam e reconstroem a cidade, se queremos entendê-la na dinâmica de um espaço que está em constante estruturação, respondendo e ao mesmo tempo dando sustentação às transformações engendradas pelo fluir das relações sociais.

2. Qual o significado da industrialização para a urbanização?
R. A industrialização dá o "tom" da urbanização contemporânea. Embora historicamente tenha resultado dos avanços técnicos necessários ao desenvolvimento do capitalismo, a industrialização marca predominantemente as relações entre a sociedade e a natureza e é a forma dominante de produção até mesmo nos países socialistas. A cidade é o território-suporte para a atividade industrial, por se constituir num espaço de concentração e por reunir as condições necessárias a esta forma de produção. Contudo, o desenvolvimento da urbanização não é apenas condição para o desenvolvimento industrial, mas também este mudou o caráter da cidade, ao lhe dar, de forma definitiva, um traço produtivo e transformá-la no "centro" de gestão e controle da economia capitalista, subordinando até mesmo a produção agrícola que se dá no campo.

3. Qual a relação entre o crescimento das cidades dos países subdesenvolvidos com a industrialização?
R. Há relação entre estes dois processos, embora não haja correspondência em seus ritmos e não se possa dizer que o primeiro decorra do segundo. De fato, os países ditos subdesenvolvidos passam, ainda que em níveis diferentes, por processos de industrialização, que dão sustentação ao próprio desenvolvimento do capitalismo monopolista. O que não se pode afirmar é que esta industrialização responda pelos ritmos acentuados de urbanização dos países "subdesenvolvidos", sobretudo depois da Segunda Guerra Mundial. A nossa urbanização resulta das formas tomadas pelo desenvolvimento do capitalismo, que se traduz na articulação das relações econômicas, sociais e políticas existentes entre os países "desenvolvidos" e "subdesenvolvidos". Poderíamos dizer, em outras palavras, que a nossa urbanização resulta do processo de transnacionalização da indústria ocidental (a do "centro"), abarcando os espaços periféricos e desorganizando e/ou se apropriando das formas de produção tradicionais destes países.

1
A URBANIZAÇÃO PRÉ-CAPITALISTA

A urbanização como processo, e a cidade, forma concretizada deste processo, marcam tão profundamente a civilização contemporânea, que é muitas vezes difícil pensar que em algum período da História as cidades não existiram, ou tiveram um papel insignificante. Entender a cidade de hoje, apreender quais processos dão conformação à complexidade de sua organização e explicam a extensão da urbanização neste século, exige uma volta às suas origens e a tentativa de reconstruir, ainda que de forma sintética, a sua trajetória.

Dessa forma, entendemos que o espaço é história e nesta perspectiva, a cidade de hoje, é o resultado cumulativo de todas as outras cidades de antes, transformadas, destruídas, reconstruídas, enfim produzidas pelas transformações sociais ocorridas através dos tempos, engendradas pelas relações que promovem estas transformações. Lewis Mumford em seu livro *A cidade na História* chama atenção para esta necessidade de se voltar ao passado, ao ressaltar o seguinte: "Se quisermos identificar a cidade, devemos seguir a trilha para trás, partindo das mais completas estruturas e funções urbanas conhecidas, para os seus componentes originários, por mais remotos que se apresentem no tempo, no espaço e na cultura..."

Se as cidades nem sempre tiveram o tamanho e a importância que têm hoje, se os primeiros aglomerados humanos nem sequer podem ser considerados urbanos, e se em algum período da História os homens nem sequer viviam aglomerados ou tinham moradia fixa, como terão surgido as cidades?

ANTES DAS CIDADES...

O período paleolítico é marcado pela não fixação do homem, pelo nomadismo enfim. Contudo, as suas primeiras manifestações de interesse em se relacionar com algum lugar são deste período, e podemos reconhecê-las por dois fatos. Primeiro, pela respeitosa atenção que o homem paleolítico dispensava a seus mortos, preocupando-se com que eles tivessem um lugar, uma "moradia", apesar do caráter itinerante e inquieto dos vivos. Mumford chama atenção para este aspecto, ao dizer que: "... os mortos foram os primeiros a ter uma moradia permanente: uma caverna, uma cova assinalada por um monte de pedras, um túmulo coletivo. (...) A cidade dos mortos antecede a cidade dos vivos".

É este mesmo autor quem aponta o segundo fato: a relação do homem paleolítico com a caverna, embora não se constituísse uma moradia fixa para ele, era um abrigo e tinha um significado muito grande. Era o lugar de segurança, para onde ia quando estava com fome, para o acasalamento, ou para a guarda de seus instrumentos. Mais do que isso, a caverna foi o primeiro lugar onde praticavam seus rituais e suas artes, impulsos estes que depois também serão motivo de fixação nas cidades.

A partir destes fatos, podemos entender que já durante o paleolítico a primeira "semente" para o surgimento das cidades havia sido lançada, pois os homens, embora não tivessem ainda moradia fixa, já se relacionavam com um lugar, um ponto do espaço que era ao mesmo tempo de encontro e de prática cerimonial.

Se a "semente" fora lançada durante o paleolítico, é efetivamente no período seguinte, mesolítico, que se realiza a primeira condição necessária para o surgimento das cidades: a existência de um melhor suprimento de alimentos através da domesticação dos animais, e da prática de se reproduzirem os vegetais comestíveis por meio de mudas. Isto se deu há cerca de 15 mil anos e todo esse processo foi muito lento, porque somente três ou quatro mil anos mais tarde essas práticas se sistematizaram, através do plantio e da domesticação de outras plantas com sementes, e da criação de animais em rebanhos.

Segundo Mumford essa revolução agrícola não poderia ter ocorrido sem a domesticação do próprio homem, que passou a ter que se ocupar permanentemente de uma área, e acompanhar todo o ciclo de desenvolvimento natural de animais e produtos agrícolas. Um aspecto muito interessante foi o das mudanças culturais que precederam e acompanharam o início do processo de fixação do homem ao lugar. Ele destaca:

"Aquilo a que chamamos revolução agrícola foi, muito possivelmente, antecedido por uma revolução sexual, mudança que deu predomínio não ao macho caçador, ágil, de pés velozes, pronto a matar, impiedoso por necessidade vocacional, porém, à fêmea, mais passiva, presa aos filhos, reduzida nos seus movimentos ao ritmo de uma criança, guardando e alimentando toda sorte de rebentos, inclusive, ocasionalmente, pequenos mamíferos lactantes, se a mãe destes morria, plantando sementes e vigiando as mudas, talvez primeiro num rito de fertilidade, antes que o crescimento e multiplicação das sementes sugerisse uma nova possibilidade de se aumentar a safra de alimentos. (...) Com a grande ampliação dos suprimentos alimentares, que resultou da domesticação cumulativa de plantas e animais, ficou determinado o lugar central da mulher na nova economia. (...) A casa e a aldeia, e com o tempo a própria cidade, são obras da mulher".

O neolítico foi, assim, marcado pela vida estável das aldeias, que se caracterizava por proporcionar condições melhores – se comparadas às da vida itinerante de antes –, para a fecundidade (a fixação permitiu mais tempo e energia para a sexualidade), a nutrição (a alimentação não dependia mais exclusivamente das atividades predatórias, mas estava garantida pela agricultura e criação) e a proteção (dando então segurança ao sustento e reprodução da vida).

Na sua configuração, a aldeia já possuía muitas das características que depois iriam marcar as cidades, pois não é o tamanho do aglomerado ou o número de casas que permite distinguir a cidade da aldeia. Estruturalmente, a aldeia tem um nível de complexidade ainda elementar, uma vez que nela não há quase divisão de trabalho, a não ser entre o trabalho feminino e masculino, ou determinado pelas possibilidades e limites da idade e da força.

A aldeia é, apenas, um aglomerado de agricultores. Paul Singer em *Economia Política da Urbanização* destaca que: "Uma comunidade de agricultores, por mais densamente aglomerados que vivam seus habitantes e por maior que ela seja (de fato, ela não pode ser muito grande, devido ao caráter extensivo das atividades primárias) não pode ser considerada uma cidade".

Queremos destacar, pois, que no neolítico já havia se realizado a primeira condição para o surgimento das cidades, qual seja a fixação do homem à terra através do desenvolvimento da agricultura e da criação de animais, mas faltava a concretização da segunda condição, que é uma organização social mais complexa.

PARA EXISTIREM AS CIDADES...

Pelo que já tratamos até aqui, sabemos que a cidade é mais que o aglomerado humano que se formou historicamente num ponto do território, cuja razão de ser era o desenvolvimento da agricultura. Mas, sabemos também, que o sedentarismo e o próprio desenvolvimento da agricultura, traços da aldeia, são pré-condições indispensáveis, mas não suficientes, para as origens das cidades. O que mais foi necessário acontecer para que as cidades existissem?

A aldeia, enquanto aglomerado humano, precede a cidade e não pode ser considerada como urbana, porque a sua existência está relacionada diretamente com o que se entende hoje como atividades primárias (agricultura e criação), atividades estas que pela sua própria natureza exigem territórios extensivos. Ora, se estamos identificando a aldeia, enquanto aglomerado, com as atividades do campo, estamos, por outro lado, contrapondo a cidade ao campo, admitindo a diferenciação urbano x rural. E também a necessidade de "acontecer" o urbano, para que esta diferenciação ecológica apareça. O que há por trás desta diferenciação?

Embutida na origem da cidade há uma outra diferenciação, a social: ela exige uma complexidade de organização social só possível com a divisão do trabalho.

Isto ocorreu da seguinte maneira: em primeiro lugar, o desenvolvimento na seleção de sementes e no cultivo agrícola foi, com o correr do tempo, permitindo que o agricultor produzisse mais que o necessário para sua manutenção. Começou a haver um excedente alimentar. Isto permitiu a alguns homens livrarem-se das atividades primárias que garantiam a subsistência, passando a se dedicar a outras atividades.

A produção do excedente alimentar é, portanto, condição necessária – embora não seja a única – para que efetivamente se dê uma divisão social do trabalho, que por sua vez abre a possibilidade de se originarem cidades. Singer é quem levanta esta questão, e acrescenta uma segunda condição necessária para a constituição da cidade:

"É preciso ainda que se criem instituições sociais, uma relação de dominação e de exploração enfim, que assegure a transferência do mais-produto do campo à cidade. Isto significa que a existência da cidade pressupõe uma participação diferenciada dos homens no processo de produção e de distribuição, ou seja, uma sociedade de classes. Pois, de outro modo, a transferência de mais produto não seria possível. Uma sociedade igualitária, em que todos participam do mesmo modo na produção e na apropriação do produto, pode, na verdade, produzir um excedente, mas não haveria como fazer com que uma parte da sociedade apenas se dedicasse à sua produção, para que outra parte dele se apropriasse".

Assim, podemos dizer que a diferenciação ecológica rural x urbano, nada mais é do que a manifestação clara da divisão social do trabalho que se confunde com essa diferenciação, embora a anteceda no tempo.

Vamos ver como historicamente isto se deu...

A aldeia era um aglomerado de pessoas que viviam da agricultura e da criação de animais, com uma participação igualitária dos homens no processo produtivo. Não havia divisão do trabalho que não fosse dada pela idade ou pelos limites da força. Em suma todos se dedicavam às atividades primárias, e a mulher teve um papel importante neste processo de fixação dos grupos humanos.

Ocorre que este processo de aglomeração não se deu simultaneamente em todos os lugares: havia aldeões e não aldeões. Neste contexto, dentro dos grupos homogêneos e autossuficientes de aldeões, uma figura passou a se destacar pela sua condição, pelo menos em tese, de exercer proteção para a aldeia, contra o possível ataque de grupos nômades (e não aldeões), ou de animais ferozes. Era o caçador, cujo papel havia sido limitado demasiadamente com a fixação dos grupos, com o desenvolvimento da agricultura e da criação de animais. Aquele "personagem" que havia perdido o seu papel com a formação das aldeias, voltou a ter importância quando passou a desempenhar a função de protetor desta aldeia.

Isto quer dizer que com o correr do tempo a diferenciação do trabalho foi se delineando. Alguns homens na aldeia, os fortes caçadores, ficaram desobrigados de desenvolver atividades de produção alimentar, em troca da proteção que ofereciam aos habitantes. Mumford afirma: "Com efeito, o caçador desempenhou um papel útil na economia neolítica. Com o seu domínio das armas, com as suas habilidades na caça, protegeria a aldeia contra seus inimigos mais sérios, provavelmente os únicos: o leão, o tigre, o lobo, o aligátor. (...) No decorrer dos séculos, a segurança pode ter feito do aldeão um homem passivo e tímido. (...) Os aldeões acuados submetiam-se, não fosse o protetor mostrar dentes mais feios que os animais contra os quais oferecia proteção. Essa evolução natural de caçador, tornando-se chefe político, provavelmente abriu caminho para sua ulterior subida ao poder".

Esta transformação histórica do caçador em chefe político e depois em rei terá ocorrido, segundo a documentação, pelo menos no Egito e Mesopotâmia. É curioso destacar que o próprio símbolo da autoridade real – o cetro –, nada mais é do que a maça, a arma que substituiu o arco e a flecha, e era utilizada pelos caçadores para matar ou aleijar homens.

Desta maneira, podemos dizer que o elemento superado da economia anterior, que tinha sido o caçador, tornou-se figura importante na comunidade agrícola, e passou a desempenhar uma tarefa maior, a de governar os aldeões. Por isso Mumford afirma que: "a cidade, pois, se interpreto suas origens corretamente, foi o principal fruto da união entre a cultura neolítica e uma cultura paleolítica mais arcaica". Esta união manifestou-se também na origem das cidades, numa volta ao papel preponderante do macho, através da exaltação da força do caçador. A mulher, que tinha sido uma figura fundamental na aldeia neolítica, pelo seu papel no desenvolvimento da atividade agrícola, volta à condição secundária.

A relação de dominação criada entre aldeões e caçador-chefe político-rei, criou condições para uma relação de exploração. Os tributos tão característicos da vida urbana provavelmente originaram-se no respeito ao "caçador" traduzidos nas oferendas ao rei. As oferendas, e depois o pagamento sistematizado de tributos, nada mais eram do que a realização concreta da transferência do excedente agrícola, do mais-produto, revelando a referida participação diferenciada dos homens no processo de produção, distribuição e apropriação da riqueza. Aí se originou a sociedade de classes, e se concretizou a última condição necessária e indispensável à própria origem da cidade.

É claro que a existência do caçador-chefe político-rei é apenas o início deste processo de constituição da sociedade de classes. Concretamente, esta sociedade diferenciada constituiu-se historicamente, quando artesões especializados e outros trabalhadores não agrícolas se concentraram num mesmo território. Dentro de uma organização social emergente, eles se dedicaram ao trabalho em larga escala – a construção de muralhas ou sistemas de irrigação, por exemplo – comandados pela própria elite governante, a qual era a própria projeção do caçador, menos protetor físico da comunidade, e mais chefe, muito mais rei, líder político e religioso ao mesmo tempo.

Há controvérsias sobre a própria origem dessa estrutura de classes: ela tanto poderia ter surgido a partir da diferenciação interna da comunidade, que estava se constituindo em urbana, quanto da dominação do urbano sobre o não urbano. Ou seja, é possível que a constituição da realeza, a partir da transferência do excedente agrícola, de mais-produto, tenha se dado tanto em troca da proteção que o rei dava aos moradores desta aldeia – transmudando-se em cidade –, como pela dominação deste rei sobre outras aldeias ou trabalhadores agrícolas "interessados" também na proteção militar-divina do rei. Esta questão é importante de ser destacada, porque demonstra que embora muitas cidades tivessem surgido ao redor do mercado, não se pode dizer que fossem então cidades comerciais. O mercado era apenas o sítio no qual se localizava a cidade. Sua origem era política e religiosa. Mumford ressalta:

"O que eu sugeriria é que o mais importante agente na efetivação da mudança de uma descentralizada economia de aldeia para uma economia urbana altamente organizada foi o rei, ou melhor, a instituição da Realeza. A industrialização e comercialização, que agora associamos ao crescimento urbano, foram, durante séculos, fenômenos subordinados, cujo surgimento se deu provavelmente ainda mais tarde: a própria palavra mercador não aparece nos documentos escritos da Mesopotâmia, até o segundo milênio quando designa o agente de um templo com o privilégio de comerciar no exterior. (...)

Na implosão urbana, o rei se coloca no centro: é ele o ímã polarizador que atrai para o coração da cidade e coloca sob controle do palácio e do templo todas as novas forças de civilização. Algumas vezes, o rei fundava novas cidades; algumas vezes, transformava antigas cidades do campo que tinham estado em construção por muito tempo, colocando-as sob a autoridade de seus governadores: em ambos os casos, seu domínio representava uma mudança decisiva em sua forma e conteúdo".

O que podemos destacar é que ao contrário do que se poderia supor numa primeira análise, que pressupõe que a cidade surgiu em volta do mercado, é que sua origem não está explicada essencialmente pelo econômico, mas sim pelo social e pelo político. Ou seja, a cidade na sua origem não é por excelência o lugar de produção, mas o da dominação. Esta questão é bem colocada por Singer:

"A constituição da cidade é, ao mesmo tempo, uma inovação na técnica de dominação e na organização da produção. Ambos os aspectos do fato urbano são analiticamente separáveis mas, na realidade, soem ser intrinsecamente interligados. A cidade, antes de mais nada, concentra gente num ponto do espaço. Parte desta gente é constituída por soldados, que representam ponderável potência militar face à população rural esparsamente distribuída pelo território. Além de poder reunir maior número de combatentes, a cidade aumenta sua eficiência profissionalizando-os. Deste modo, a cidade proporciona à classe dominante a possibilidade de ampliar territorialmente seu domínio, até encontrar pela frente um poder armado equivalente, isto é, a esfera de dominação de outra cidade. Assim, a cidade é o modo de organização espacial que permite à classe dominante maximizar a transformação do excedente alimentar, não diretamente consumido por ele, em poder militar e este em dominação política".

As colocações anteriores, já nos remetem a uma discussão mais ampla, aumentando o âmbito da análise, saindo da discussão em torno da origem do urbano, e passando para as primeiras cidades, enquanto formas concretas, reflexo das relações sociais estabelecidas num tempo histórico, que se conhece como Antiguidade.

AS CIDADES NA ANTIGUIDADE

Há dificuldades de se precisar o momento da origem das primeiras cidades. Contudo, os autores são unânimes em apontar que terá sido provavelmente perto de 3500 a.c., seu aparecimento na Mesopotâmia (área compreendida pelos rios Tigre e Eufrates), tendo surgido posteriormente no vale do rio Nilo (3100 a.c.), no vale do rio Indo (2500 a.c.) e no rio Amarelo (1550 a.c.).

As discussões que fizemos nas páginas anteriores acerca da origem do urbano, mostraram-nos que a sua explicação está no social e no político. Ao observarmos, concretamente, sua proximidade com os rios, podemos nos perguntar que razões explicariam esta coincidência histórica.

Levantamos aqui, uma explicação de ordem "geográfica", natural. Essas cidades surgiram em regiões com predomínio de climas semiáridos, daí a necessidade de se fixarem perto dos rios, repartir a água, repartir os escassos pastos, e proceder ao aproveitamento das planícies inundáveis, ricas de húmus e propícias ao desenvolvimento da agricultura.

Assim, embora fossem resultado do social e do político enquanto processo, as primeiras cidades tiveram suas localizações determinadas pelas condições naturais, de um momento histórico, em que o desenvolvimento técnico da humanidade ainda não permitia a superação destas imposições.

As mais antigas cidades tinham em comum, além da localização nos vales de grandes rios, uma organização dominante, de caráter teocrático (o líder era rei e chefe espiritual), e um traço na sua estruturação interna do espaço: a elite sempre morava no centro. Isto servia tanto para facilitar o intercâmbio das ideias (que permitiam o exercício da dominação sobre as outras classes sociais), como para elas ficarem menos expostas aos ataques externos, como destaca Gideon Sjoberg em seu texto *Origem e evolução das cidades*.

O aumento da importância das cidades da Mesopotâmia começou a partir de 2500 a.c., quando estas cidades começaram a formar Estados independentes. Ur terá atingido provavelmente os cinquenta mil habitantes e a Babilônia, os oitenta mil.

A Mesopotâmia foi, então, o centro da difusão do fato urbano para o Egito Antigo (Mênfis e Tebas), vale do rio Indo (Mohenjo-Daro), Mediterrâneo Oriental e interior da China (Pequim e Hang-Chu). Contudo, no continente americano, portanto independente da urbanização que se desencadeou a partir da Mesopotâmia, surgiram cidades, perto de 500 a.c., as quais atingiram o seu apogeu no primeiro milênio d.c., e foram também ótimos exemplos de que o processo de divisão do trabalho, que se traduziu na constituição de uma estrutura de classes, criou as condições necessárias à origem urbana. Os maias e os astecas tiveram grandes comunidades urbanas. Tical, cidade maia na Guatemala, teve três mil construções; Dzibulchaltun, cidade maia em Iucatão, teve mais de 1500 construções, e Teotihuacán (atualmente cidade do México) chegou a ter cem mil habitantes. Mesmo na América Andina, os incas viveram em habitat concentrado, que podemos considerar como urbano, dada a grande divisão do trabalho que havia aí. Alguns autores, no entanto, não consideram estas aglomerações como urbanas, pelo fato de não possuírem escrita, elemento por eles considerado fundamental para existir a cidade.

Para que o leitor possa ter uma ideia de como eram estas cidades, vamos descrevê-las, com base nas informações dadas por Leonardo Benevolo em *História da cidade*, destacando os principais traços da vida urbana na Mesopotâmia. A figura 1 contém a planta do núcleo interno da Babilônia, capital de Hamurabi, uma cidade planejada por volta de 2000 a.c., que é um bom exemplo do nível de complexidade estrutural e funcional que os centros urbanos atingiram na Antiguidade, mesmo antes da formação dos grandes impérios.

Já ressaltamos que o papel político-religioso desempenhado por estas cidades era grande. Os governantes tinham um papel preponderante, pois controlavam o excedente produzido no campo, uma vez que eram eles que recebiam o rendimento obtido na produção das terras comuns. Administravam assim a riqueza e acumulavam provisões alimentares para toda a população. Além disto, cabia à elite dominante a função de organizar a fabricação e a importação de utensílios de pedra ou de metal para a guerra e registrar as informações e os números que dirigiam a vida da comunidade.

FIG. 1
BABILÔNIA – PLANTA DO NÚCLEO INTERNO

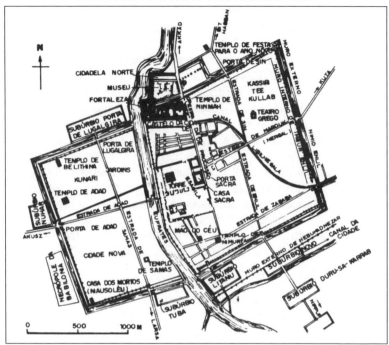

Fonte: BENEVOLO, Leonardo: História da Cidade

As cidades de então tinham na sua estrutura as marcas desta organização política, social e econômica.

Eram construídos canais para distribuir água em terras semiáridas e para permitir o transporte de produtos e matérias-primas a áreas um pouco mais distantes.

As cidades eram cercadas por muros e algumas tinham fossos, o que individualizava de forma clara o espaço urbano, e facilitava a tarefa dos governantes de defender seus governados de um ataque inimigo.

As formas predominantes eram de ruas e muros traçados retilineamente, formando entre si, ângulos retos. O nosso exemplo – Babilônia – era formado por um retângulo de 2500 m por 1500 m.

A área da cidade já era dividida em propriedades individuais, em contraposição ao campo onde as terras eram administradas em comum.

A parte mais interna era reservada aos reis e sacerdotes (poder político e religioso), e aí estavam localizados os templos dos deuses, que eram construções grandes e elevadas, geralmente tendendo a formas piramidais e cercadas por jardins (todo mundo já ouviu falar dos jardins suspensos da Babilônia).

O campo administrado em comum era dividido em posses, cada uma delas sob o "controle" de uma divindade, que dava sustento a um templo na cidade. Em cada um dos templos havia um santuário, uma torre-observatório, armazéns e lojas onde viviam e trabalhavam diversas categorias de especialistas, como padeiros, fiandeiras, tecelãs, ferreiros, escribas e sacerdotes. Todos estes especialistas eram auxiliados em seus trabalhos por escravos. As partes mais externas da cidade eram abertas a todos. Aí localizavam-se muitas casas, que tentavam reproduzir, em pequena escala, a forma dos templos com pátios internos e muralhas. Estas moradias eram construídas de tijolos e argila, o que explica porque, com o tempo, desmoronaram e se incorporaram novamente ao terreno, de onde atualmente as pesquisas arqueológicas vão retirando camada por camada.

À medida que estas cidades cresciam e se tornavam capitais de impérios, ainda que pequenos – a partir do domínio do chefe político de uma cidade sobre outra cidade e portanto sobre toda uma região –, ampliavam seus papéis, pois se tornavam também um centro de tráficos de mercadorias da região. Nestas capitais os templos tornavam-se palácios, e a figura real se instituía de forma cada vez mais definitiva.

As cidades, ao dominarem áreas maiores, tornavam-se receptoras do excedente do campo, fortalecendo a força política de seus governantes, criando as condições para a constituição de impérios.

Os Impérios e a Urbanização na Europa

A análise da importância dos impérios antigos é relevante para o estudo da urbanização, por três motivos principais: em primeiro lugar, porque eles tiveram um papel fundamental no aumento do número de cidades, na medida em que era com base nelas que mantinham a supremacia militar sobre as regiões conquistadas; em segundo lugar, porque através de sua ampliação, sobretudo no caso romano, a urbanização estendeu-se pela Europa, fincando raízes no território onde, séculos mais tarde, transformações econômicas, sociais e políticas aceleraram os processos de urbanização e estenderam o fato urbano a outros territórios continentais; e, em terceiro lugar, porque a acentuação da divisão social do trabalho e da complexidade da organização política necessárias à sustentação do império promoveram, por um lado a ampliação dos papéis urbanos, e por outro, o aumento do relacionamento entre as cidades. É a esta terceira questão que queremos dar um destaque maior. A unificação política de um conjunto de antigas cidades-estados sob um poder centralizado permitiu e incentivou o relacionamento entre elas. Embora antes da constituição dos impérios, existissem transações comerciais entre sociedades politicamente independentes, é só a partir do momento em que a rede urbana está politicamente integrada, que o relacionamento entre as cidades vai aumentar. Singer diz que:

> "... a expansão da divisão do trabalho intraurbana, ensejada pelo crescimento da cidade, desdobra-se a partir de certo momento, na constituição de uma divisão de trabalho *entre* diferentes núcleos urbanos. Este desdobramento eleva as forças produtivas a um novo patamar, pois permite o surgimento de atividades especializadas que suprem uma demanda muito mais ampla que a do mercado local. (...) É a unificação de uma série de cidades-estados em impérios que, de fato, cria as condições para o florescimento de uma ampla divisão interurbana do trabalho".

O Império Romano é sem dúvida o melhor exemplo de expansão da urbanização na Antiguidade, por conta de um poder unificado. A vitória dos romanos sobre os gregos da Itália e Sicília, e a anexação dos impérios cartaginês e helenístico, permitiram a apropriação e o aperfeiçoamento dos sistemas econômico e administrativo já desenvolvidos por estes povos.

Além disto, o Império estendeu-se para a Europa Ocidental, permitindo o desenvolvimento urbano em regiões habitadas por "bárbaros". No noroeste europeu, ao norte dos Alpes, as primeiras cidades fundadas tanto no vale do Reno (hoje, Alemanha), como na Britânia (hoje, Inglaterra) e Gália (hoje, França e Bélgica) são romanas.

O poder político do Império Romano permitiu portanto, não apenas que a urbanização deixasse de ser um processo "espontâneo", uma vez que muitas cidades foram fundadas nas áreas recém-conquistadas para permitir a hegemonia política romana sobre estas áreas, como também acabou por propiciar uma ampliação imensa da divisão interurbana do trabalho, pois os ofícios exercidos e a produção das maiores cidades do Império deixaram de suprir apenas os cidadãos (habitantes de uma cidade) e a população rural de seus arrabaldes, para suprirem também a população de outras áreas do Império e os povos bárbaros além-fronteira, incentivando o papel comercial urbano. Acrescente-se a isto, o fato de que a manutenção do poder político central (o que quer dizer de suas instituições, inclusive o Exército) era possível através do recolhimento de tributos em todo o Império, e para tal a rede de cidades serviu de suporte à origem e desenvolvimento de um aparato burocrático-administrativo.

A figura 2 mostra o plano da Roma imperial, que nos permite avaliar uma estruturação urbana mais complexa, se a comparamos com a Babilônia da figura 1. Em Roma, já há um grande número de construções, que dão sustentação ao poder centralizado, como templos, fóruns e o capitólio, além de outras construções para o uso público, como termas, mercado e circos, e ainda construções para glorificar o poder central, como os mausoléus.

Segundo Benevolo, no seu apogeu, Roma atingiu mais ou menos dois mil hectares, abrigando até o século III d.C. de setecentos mil a um milhão de habitantes. Viviam em *domus* – casas individuais de dois andares, ou em *insulae* – construções coletivas de muitos andares; os térreos eram destinados a lojas ou habitações de nobres, e os superiores para as classes médias e inferiores.

O conjunto de ruas de Roma era deficiente, por serem elas estreitas e tortuosas. Não havia iluminação pública nem coleta de lixo, apesar do contingente populacional ali concentrado. Os aquedutos forneciam água para os usos públicos, inclusive para as grandes termas (nas casas não havia condições para a higiene). A rede de esgotos começou a ser implementada no século IV a.C., mas só recolhia as descargas dos edifícios públicos e das de alguns *domus*; o restante dos refugos era descarregado em poços negros, ou diretamente das janelas dos andares superiores dos *insulae*.

O Estado tinha grande presença em Roma, inclusive por alimentar 150 mil pessoas e oferecer festas públicas em cerca de 180 dias do ano.

A partir do século V d.C., com a queda do Império Romano, houve um declínio expressivo no processo de urbanização. Ocorreram, então, uma desestruturação da rede urbana que havia se desenvolvido sob a hegemonia do poder político centralizado, uma diminuição da importância e portanto do tamanho das grandes cidades, e o desaparecimento de muitas pequenas cidades do Império.

Este processo não se deu de forma homogênea por todo o território sob o domínio romano, como veremos logo adiante, mas o fato é que houve um declínio muito forte da urbanização, e isto tem a ver com transformações econômicas, sociais e políticas que vão se dar no território europeu, a partir da queda do poder político centralizado em Roma e da invasão árabe.

Antes de tratar das cidades durante a Idade Média; vamos reforçar alguns pontos que marcaram a organização social e a urbanização durante a Antiguidade: 1) especialização do trabalho, e

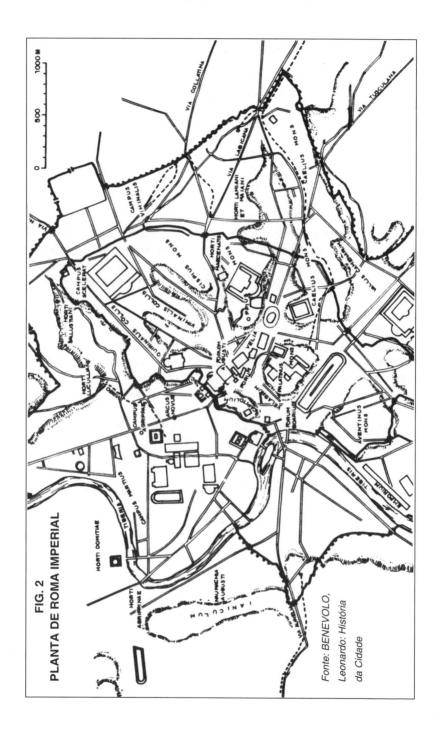

consequente divisão social e territorial do trabalho, que se manifestou numa estrutura de classes cada vez mais complexa; 2) as cidades eram o espaço de dominação política, o lugar da elite e das instituições sociais que garantiam a passagem do excedente alimentar dos produtores que moravam no campo para as elites sociais urbanas; 3) houve um aumento crescente da capacidade de produção e de distribuição alimentares. Isto significou possibilidade de aumento do tamanho das cidades e de ampliação das áreas sob seu domínio, pelo desenvolvimento técnico alcançado com a disponibilidade da metalurgia, do arado e da roda, muito embora as fontes de energia não fossem muito além da braçal (apenas um pouco de aproveitamento do vento e da água como energia); 4) a escrita, tornou-se muito importante, tanto porque permitia o registro dos avanços técnicos, dos fatos históricos, mas sobretudo por ter sido um instrumento de manutenção do poder político, pois era limitada à elite ociosa, e fundamental para o registro de leis e para o uso religioso, bases de apoio para a dominação social que se exercia das cidades; 5) a organização interna do espaço urbano passou a refletir a estrutura social e política daquelas sociedades, pois o centro era o lugar das instituições sociais, do poder político e das elites ociosas, em volta do qual estavam os artesãos e nos arrabaldes os produtores agrícolas.

Como vimos, durante a Antiguidade muitos foram os avanços alcançados em relação à complexidade da organização social e ao nível da urbanização; assim tomando-se estes pontos como referenciais, aparentemente o que vamos observar durante a Idade Média, é um movimento de retrocesso.

Vamos ver porque isto se deu...

AS CIDADES NA IDADE MÉDIA

O longo período conhecido como Idade Média, o qual se estende do século V ao XV, embora seja marcado por uma nova organização econômica, social e política, o modo de produção feudal viveu momentos diferentes, como aliás outros períodos da história e outros modos de produção. Em outras palavras, podemos dizer que mesmo que alguns períodos perpassem efetivamente um largo tempo na história, há no bojo de todo modo de produção um processo de desenvolvimento, decorrente de transformações econômicas, sociais e políticas historicamente datadas.

Didaticamente, o início do período medieval é marcado pela queda do Império Romano, que se deu no século V (ano 476), e constituiu-se concretamente na quebra da hegemonia política romana sobre a bacia do Mediterrâneo – grande parte da Europa, norte da África e Oriente Médio.

Do ponto de vista da urbanização, este esfacelamento do poder central teve consequências muito marcantes. Na porção leste do Império Romano, anteriormente chamada Império Romano do Oriente (Mediterrâneo Oriental), pelo menos as cidades maiores continuaram a ter múltiplos papéis e conseguiram sobreviver. Bizâncio (depois chamada Constantinopla, e atualmente Istambul) e Alexandria são bons exemplos da força do Império Bizantino.

Na porção ocidental do Império, o processo de urbanização refluiu mais marcadamente a noroeste dos Alpes, onde as cidades eram menores, mais recentes, e tinham papéis mais estreitamente associados à manutenção do poder político central. Grande parte destas cidades havia sido fundada para garantir a manutenção do poder imperial sobre territórios e povos recém-conquistados.

Na porção ocidental mediterrânica, a urbanização havia se iniciado com os gregos, e fora reforçada após a vitória dos romanos sobre os gregos da Itália e com o desenvolvimento do sistema econômico e administrativo que marcou a expansão romana na Antiguidade. O papel econômico das cidades se consubstanciava com um comércio desenvolvido através do Mediterrâneo e propagado continente adentro, com a mercantilização de vinhos orientais, especiarias, papiro, azeite, etc. Mesmo depois da queda do império, algumas cidades, como Veneza, mantiveram algum vigor econômico, baseado no comércio Oriente-Ocidente, muito embora tenham tido sua importância diminuída e perdido população após a invasão árabe no século VII.

A consequência mais marcante da queda do Império Romano, porém, foi, sem dúvida, a desarticulação da rede urbana. Na medida em que não havia mais um poder político central, as relações interurbanas enfraqueceram-se e em certas áreas desapareceram, pois caíram por terra as leis que davam proteção ao comércio em todo o Império (sobretudo da produção artesanal, inclusive mercadorias de luxo – a produção alimentar não podia ser transportada a distâncias maiores), e foram suspensos os recursos para a manutenção de estradas e portos, anteriormente construídos e conservados para dar sustentação ao poder imperial.

Este processo de desagregação da rede urbana europeia, diminuição de cidades e desaparecimento de outras, que se deu a partir do século V, acentuou-se sobremaneira, quando, no século VII, a expansão islâmica interrompeu o comércio dos cristãos através do Mediterrâneo. Henri Pirenne, em *História Econômica e Social da Idade*

Média aponta o controle dos árabes sobre o Mediterrâneo como definitivo para a regressão das atividades econômicas das cidades que ainda tinham conseguido manter sua importância após a queda do Império Romano do Oriente.

O bloqueio da navegação mediterrânica determinou o fim da atividade comercial e, portanto, dos mercadores, provocando o declínio deste papel econômico das cidades europeias, e imprimindo, de vez, o caráter agrícola à Europa Ocidental, permitindo a definição, de fato, do modo de produção feudal.

O Feudal e o Urbano

A principal característica do modo de produção feudal é sua base econômica quase que exclusivamente agrícola. A nível do econômico, esse modo de produção tinha sustentação em dois "pilares": a mudança do caráter dos latifúndios e a instituição da servidão.

Os latifúndios remontam à Antiguidade; existiam grandes proprietários na Gália (desde antes da conquista de César), assim como na Germânia, ainda antes da penetração do Cristianismo. O que efetivamente se deu foi uma mudança nos objetivos da exploração dos latifúndios, pois privados do mercado, perderam a possibilidade de demanda para sua produção, a qual esteve assegurada durante a vigência do poder centralizado romano, e que subsistiu do século V ao VII, enquanto o comércio mediterrâneo manteve o vigor comercial urbano.

Quando os mercadores desapareceram e portanto a população municipal deixou de existir, não houve mais compradores, e segundo Pirenne "... o latifúndio se dedicou a essa espécie de economia que se designa, com pouca exatidão, como em estado de economia latifundiária fechada e que é unicamente, a bem dizer, uma economia sem mercados externos".

Assim, a terra passa a ser a única fonte de subsistência e de condição de riqueza. A produção artesanal, antes localizada na cidade, volta a se fazer no campo, nos limites do feudo, garantindo que toda organização social do novo modo de produção esteja assentada na posse da terra.

Nesta perspectiva, a nova economia quase exclusivamente agrícola, e assentada territorialmente no feudo, tem sua produção realizada com base na instituição social da servidão, facilitada pela condição de não proprietários, e portanto de servos, da maior parte da população camponesa.

Os latifúndios e a servidão, pilares da economia do período feudal, não precisam, de fato, da soberania política do chefe de Estado.

Por isso, no que se refere à instância política, o modo de produção feudal foi caracterizado pela passagem do poder político para as mãos dos detentores de terra – senhores feudais – a despeito da permanência da figura do rei ou do príncipe. Foi dentre os servos de cada feudo, que se recrutou o exército e, eventualmente, funcionários para a manutenção de estradas ou construção de burgos.

A nível do ideológico, a Igreja garantiu a sustentação do modo de produção, ao defender os ideais de pobreza e da terra como dádiva de Deus para o trabalho, e ao proibir a usura (cobrança de juros sobre empréstimos em dinheiro).

O modo de produção feudal assim organizado, estruturalmente, criou e reproduziu as condições necessárias à economia quase exclusivamente agrícola e intrafeudo, e em contrapartida esvaziou definitivamente o urbano de seu papel econômico e político, reduzindo as cidades europeias a funções muito pouco expressivas.

Para Pirenne, podemos reconhecer a sobrevivência de dois tipos de aglomerados na Idade Média: as "cidades" episcopais e os burgos.

As primeiras reduziam-se a centros de administração eclesiástica, com papel econômico praticamente nulo, pois o pequeno mercado de abrangência apenas local, não poderia ser considerado como manifestação de um comércio efetivo. Tais cidades subsistiam às custas dos tributos recolhidos nos latifúndios pertencentes ao bispo e abades ali residentes.

Os burgos, pontos fortificados, cercados por muralhas e rodeados por fossos, eram construídos sob as ordens dos senhores ou príncipes feudais, com o objetivo de servir de refúgio a eles e seus servos, e armazenamento de animais e alimentos, em caso de perigo. Abrigavam também, geralmente, uma igreja.

Tanto num tipo como no outro (e muitas vezes, os tipos se misturavam) podemos questionar o caráter urbano, uma vez que não se constituíam, de fato, local de moradia permanente (a não ser de religiosos e alguns agregados), e do ponto de vista econômico haviam perdido o comércio e a pequena produção artesanal. Além disto, as cidades durante o feudalismo propriamente dito, perderam o papel político que tiveram durante a Antiguidade.

As "cidades" medievais, de acordo com Mumford, tendiam à forma arredondada, eram limitadas, concreta e psicologicamente pela muralha, marcadas por planos irregulares, cujas vias principais apontadas para o núcleo central, dificilmente chegavam até ele. O núcleo central onde se encontravam as praças abertas (usadas para os mercados eventuais) e as construções religiosas e públicas era alcançado por caminhos estreitos e tortuosos. Esta caracterização das "cidades" medievais é própria do período de nítida predominância do modo de produção feudal.

Senlis, cidade gaulesa do século III, cuja planta está na figura 3, é um bom exemplo de fortificação construída em torno da catedral e do castelo. O traçado das ruas denota o crescimento espontâneo destes aglomerados quase sem funções durante a Idade Média.

**FIG. 3 – PLANTA DE SENLIS
GÁLIA NOS MUROS DOS SÉCULOS III E IV**

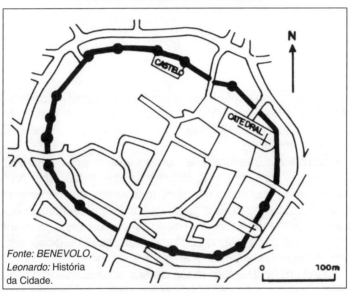

Fonte: BENEVOLO, Leonardo: História da Cidade.

No próximo capítulo vamos ver como as contradições existentes no interior desse modo de produção vão permitindo a sua desagregação e como as cidades retomam, aos poucos, seus papéis, dando sustentação à organização de um novo modo de produção – o capitalista –, que se inicia nos últimos séculos do período medieval.

2
A URBANIZAÇÃO SOB O CAPITALISMO

Esboçamos no capítulo anterior uma retrospectiva do processo de urbanização do século IV a.c. até os séculos X e XI d.C., resgatando as condições econômicas, sociais e políticas necessárias à sua origem e evolução.

É notória a expressividade do fato urbano pré-capitalista. São bons exemplos disto, tanto as cidades antigas localizadas na bacia do Mediterrâneo, quanto as orientais, todas essencialmente políticas. Podemos destacar inclusive o papel das "cidades" feudais, pois ainda que fossem pequenas e tivessem muitas vezes um caráter urbano discutível, pelo seu papel pouco político e muito mais religioso, estavam inseridas na economia feudal, e ao mesmo tempo em luta contra ela.

Esta retrospectiva tem razão de ser, se quisermos distinguir a magnitude do processo de urbanização a partir do desenvolvimento do capitalismo, tanto no que se refere a sua intensidade, quanto ao caráter mais amplo e diversificado das cidades.

As transformações, que historicamente se deram, permitindo a estruturação do modo de produção capitalista, constituem consequências contundentes do próprio processo de urbanização. A cidade nunca fora um espaço tão importante, e nem a urbanização um processo tão expressivo e extenso a nível mundial, como a partir do capitalismo.

O RENASCIMENTO URBANO

Discutimos no capítulo anterior, a pertinência de se considerar como urbanos, os aglomerados ("cidades" episcopais e burgos) que existiam durante o predomínio feudal na Europa. Procuramos verificar porque econômica e politicamente não poderíamos considerá-las aglomerados urbanos porque não se distinguiam do campo, como as cidades antigas – fornecedoras de serviços políticos e religiosos, reais ou imaginários, em troca do excedente alimentar produzido pelo campo –, mas se constituíam acessórios da economia feudal. As primeiras cidades mercantis resultaram da transformação do caráter destas aglomerações medievais sem funções urbanas.

O processo de absorção da atividade mercantil e sua transformação deu-se paulatinamente nesses aglomerados e decorreu do fato de que mesmo durante o período de predomínio do modo de produção feudal os mercadores e, portanto, o comércio, subsistiram, ainda que eventuais e restritos, já que o feudo necessitava de muito poucos produtos. Além disto, no decorrer dos séculos X e XI houve a reabertura dos postos europeus, antes sob o controle árabe.

Contraditoriamente essa absorção/transformação foi possível graças ao caráter protetor dessas aglomerações, caráter do qual nem mesmo os mercadores (apesar da natureza de sua atividade) podiam prescindir naquela organização econômica, política e social.

Em outras palavras, o caráter itinerante dos mercadores e os riscos a que estavam expostos numa época em que a ausência de um poder político central apenas dava garantias de proteção intrafeudo, exigiam um abrigo.

A proteção daqueles homens e sobretudo de suas mercadorias, estava dentro da muralha. Desde a segunda metade do século X, os mercadores buscavam os burgos localizados ao longo dos caminhos e dos rios. O reatamento com o comércio do Oriente reforçou o fluxo comercial e a procura de proteção por parte dos mercadores tornou-se tão frequente que logo algumas dessas aglomerações muradas não puderam mais contê-los, gerando uma ocupação extramuros. Daí resultou a expressão *foris-burgus*, queria dizer burgo dos arredores, ou arrabaldes. Muitas cidades surgiram nos arrabaldes das fortalezas.

Assim, podemos dizer que o renascimento urbano, que marca o último período da Idade Média, teve base territorial no próprio aglomerado medieval, que não possuía caráter urbano.

Não é, porém, apenas a partir da transformação do caráter dos aglomerados feudais que a urbanização é retomada, pois também há registros de reconstrução de cidades nos sítios urbanos (espaços topográficos ocupados pelas cidades, o "chão" das cidades) de alguns aglomerados romanos. Além disso, já no século XII, cidades novas tinham sido fundadas em lugares nunca antes ocupados, o que permitira o estabelecimento de muitas cidades na Europa Central e Oriental.

31

Desta forma, por volta de 1400, as terras habitadas da Europa Central e Ocidental achavam-se marcadas por uma malha relativamente densa de cidades, cuja base econômica era o comércio e o artesanato. Essas cidades eram caracterizadas por instituições que davam proteção legal aos direitos dos cidadãos, outorgando-lhes a função de pequenos núcleos administrativos.

Benevolo ressalta que: "Para compreender a cidade antiga, é suficiente uma descrição completa de poucas cidades dominantes: Atenas, Roma, Constantinopla. Ao contrário, na Idade Média não existe nenhuma supercidade, mas um grande número de cidades médias, entre as quais uma dúzia nos séculos XIII e XIV alcançam mais ou menos o mesmo tamanho: dos 300 aos 600 hectares de superfície e dos 50.000 a 150.000 habitantes".

Assim, podemos dizer que, predominantemente, a urbanização do fim do período feudal foi marcada pela proliferação do número de cidades. Muitas delas atingiram tamanhos expressivos para a época, sobretudo na Itália e Holanda, onde a atividade comercial já era maior alguns séculos antes. A figura 4 contém um mapa da Europa, onde localizamos algumas cidades dentre as mais importantes da última fase do período medieval. A planta da cidade de Milão, em meados do século XIV (figura 5) ilustra o estágio de crescimento e complexidade de estruturação urbana que as cidades europeias atingiram com o renascimento comercial. Observa-se que a cidade mantinha o plano "medieval" típico estruturado ainda na fase de predomínio do modo de produção feudal, de que os muros e as portas são testemunhos. Contudo, podemos notar que houve um adensamento de ruas e construções, sobretudo na parte central, onde moravam os mais abastados, e que a cidade já cresceu além dos muros.

Este processo de retomada da urbanização, de renascimento das cidades, foi possível pela reativação do comércio, enquanto atividade econômica urbana. Ao se desenvolver, esse comércio foi criando as condições para a estruturação do modo de produção capitalista e, simultaneamente, a destruição dos pilares da economia feudal (o latifúndio, sua economia "fechada" e a servidão).

SOBRE O MODO DE PRODUÇÃO CAPITALISTA

Maurice Dobb, em *Evolução do capitalismo*, destaca que o processo de desenvolvimento do capitalismo foi lento e complexo, através de importantes transformações políticas (no interior das

FIG. 4 – ALGUMAS CIDADES IMPORTANTES NO FINAL
DA IDADE MÉDIA – EUROPA

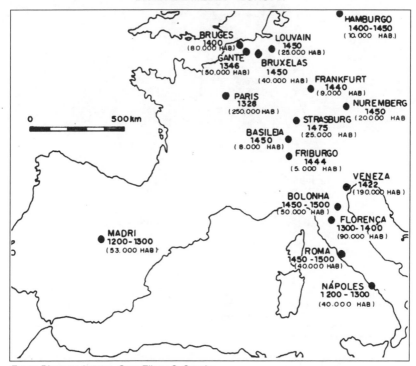

Fonte: Diversos Autores. Org.: Eliseu S. Sposito.

classes e na política do Estado), e a partir da sociedade de classes sobre a qual se estruturava o feudalismo.

A ação da burguesia comercial (de burgo, porque aí moravam os comerciantes) para se constituir como classe social – espaço que não lhe era dado na organização social vigente –, foi muito importante para a desestruturação do modo de produção feudal. Singer destaca: "Neste processo, a capacidade associativa da cidade medieval, ou melhor, de sua classe dominante – a burguesia – no sentido de se unir dentro da cidade contra as demais classes e de se associar a outras cidades num sistema cada vez mais amplo de divisão do trabalho, ou seja, de se constituir como *classe*, desempenha um papel essencial".

Podemos dizer que a cidade teve o seu papel neste processo, na medida em que ali se reuniam os comerciantes e a riqueza por eles acumulada, ali se concentravam os artesãos ocupados com a produção necessária à atividade comercial, e nesta medida ali se dava

FIG. 5 – PLANTA DE MILÃO EM MEADOS DO SÉCULO XIV, NOS MUROS DO SÉCULO XII

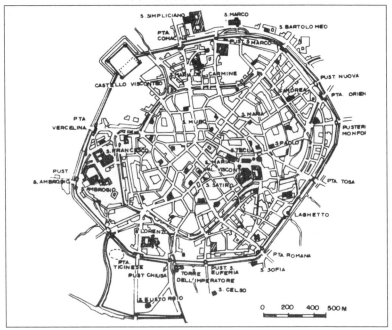

Fonte: BENEVOLO, Leonardo: História da Cidade.

a ruptura da economia feudal. Tanto assim que a servidão ia aos poucos sendo minada pela comercialização do excedente alimentar e pelo surgimento dos arrendatários capitalistas (a partir do século XIV), apontando para a transformação da terra em mercadoria.

Com o fortalecimento da burguesia comercial proporcional ao crescimento de sua riqueza, de seu capital acumulado, muitas cidades obtiveram sua autonomia e passaram a ser o destino dos servos que fugiam dos feudos, estimulados pela burguesia. Uma expressão demonstra o espírito da época: "O ar da cidade é o ar da liberdade".

A partir do processo de constituição de uma classe social – a burguesia –, com base na atividade comercial, a produção não visava apenas satisfazer as necessidades humanas, mas por seu caráter de mercadoria, propiciar o lucro e, por conseguinte, a acumulação através do comércio.

O escambo (comércio eventual, realizado durante a Idade Média, no predomínio do modo de produção feudal), realizava-se para satisfazer as necessidades dos indivíduos de possuir mercadorias que não podiam produzir. A moeda, o dinheiro era apenas, o equivalente geral, que facilitava estas "trocas", e que permitia que cada uma das partes interessadas na troca não se visse obrigada a consumir as mercadorias da outra. Ao invés de se trocar mercadorias entre si (M - M), podia-se vender a mercadoria, e com o dinheiro adquirir o que conviesse (M - D - M).

O que o comércio regular, que começa a se desenvolver plenamente durante a Idade Média fez, foi mudar o caráter desta troca, pois o comerciante comprava mercadorias (D - M) e as revendia por uma quantidade de dinheiro maior do que a inicial (M - D'), modificando a operação (D - M - D).

É importante entender esta mudança porque foi com base nela que a circulação foi transformada. Antes o objetivo era obter as mercadorias necessárias – (valores de uso) –, enquanto no segundo caso o fim da circulação era o dinheiro; assim a mercadoria passava a valer enquanto valor de troca (no qual estava também embutido o seu valor de uso). Karl Marx em sua obra *O Capital* afirma que o dinheiro que circulava desta maneira, tornava-se capital. Portanto, aqueles que dele se beneficiavam desde o fim do período medieval – a burguesia – eram os capitalistas, e nesta primeira fase do desenvolvimento do novo modo de produção ocorreu a *acumulação primitiva do capital*.

O processo era muito complexo, e os comerciantes não eram seus únicos agentes. Como expusemos acima, a própria comercialização do excedente feudal, – nela embutida a possibilidade da ruptura da instituição servil –, tornava os próprios servos também agentes do processo. Isto ocorria na medida em que migram para as cidades – espaço fora do domínio feudal, espaço aonde, aos poucos, iam se estabelecendo princípios e direitos que davam sustentação à ação capitalista e, portanto, ao exercício da cidadania (os direitos dos que moravam na cidade, fora da esfera do domínio econômico, político e social do modo de produção feudal). Daí Singer afirmar que: "Pode-se interpretar deste modo o surgimento do capitalismo no seio da sociedade feudal, sua longa luta para se desenvolver e o seu triunfo final como uma etapa histórica do desenvolvimento das forças produtivas urbanas. *O capitalismo surge na cidade*, no centro dinâmico de uma economia urbana, que lentamente se reconstitui na Europa, a partir do século XIII" (destaque nosso).

O processo é lento, e ao mesmo tempo em que vão ocorrendo estas transformações ao nível do econômico e do social, as ideias, o ideológico, vão também se "modernizando" – começa a se organizar o ideário que marcará a Idade Moderna. Nas cidades – território do capitalismo – vão se instituindo novas "ordens". Novas leis dão legitimidade e apoio à ação capitalista. A usura passa a ser largamente praticada, embora oficialmente a Igreja continue a condená-la. Há um relaxamento do controle desta prática, cuja evidência mais clara é a existência de muitos banqueiros. Além disso, os ideais de pobreza e da terra como dádiva de Deus para o trabalho vão se deteriorando, ocorrendo um processo de abandono dos feudos pelos servos e uma crise econômico-social no início dos Tempos Modernos que facilitará a centralização monárquica.

O desenvolvimento de um modo de produção como totalidade sempre compreende contradições. Neste momento da história, uma dessas contradições foi a organização corporativista dos artesãos, e outra o monopólio sobre o excedente alimentar pela aristocracia feudal.

As Corporações de Ofício e as Manufaturas

Para Pirenne "... poder-se-ia definir a corporação medieval como uma corporação industrial que gozava do privilégio de exercer exclusivamente determinada profissão, de acordo com os regulamentos sancionados pela autoridade pública". Era, na prática, o monopólio concedido, na maior parte das vezes pelo poder municipal, ao grupo de artesãos que se dedicava a uma determinada profissão.

Havia tantas corporações de ofícios quanto profissões, e as bases da instituição corporativa eram o exclusivismo e o protecionismo, uma vez que regulavam as condições de trabalho, a quantidade e a qualidade da produção, determinavam os preços e esforçavam-se para excluir a concorrência de artesãos de outras cidades e regiões.

Este mecanismo restritivo limitava a capacidade de produção e, portanto, a quantidade de mercadorias à disposição dos comerciantes.

Neste sentido, a produção artesanal organizada corporativamente, um dos pilares do desenvolvimento da burguesia comercial, passou contraditoriamente a se opor aos interesses de expansão das forças produtivas, que o comércio ia requerendo. Singer afirma que: "Encontrava-se, assim a burguesia comercial entre duas barreiras: o monopólio sobre o excedente alimentar exercido pela aristocracia feudal e o monopólio sobre a produção manufatureira, exercido pela elite corporativa".

Já ressaltamos que a organização feudal (e portanto "o monopólio sobre o excedente alimentar") estava se desestruturando, paralelamente ao fortalecimento da burguesia, uma vez que esta submetia ao regime comercial a circulação do excedente produzido pelo campo, abrindo espaço à "desobediência" servil. A primeira barreira estava assim mais fraca, e em diluição. A burguesia encontrou aí a possibilidade de fazer frente à segunda barreira – a do monopólio sobre a produção artesanal, exercido pelas corporações.

Ou seja, tendo a sua ação limitada pelas restrições impostas pelas corporações, os comerciantes começaram a organizar no campo (à margem da regulamentação corporativa, restrita à área urbana) outra produção artesanal, denominada "sistema de trabalho a domicílio". Os comerciantes passaram a fornecer matérias-primas e às vezes ferramentas, às famílias camponesas "liberadas". Na medida em que isto acontecia a instituição da servidão se corroía e se desenvolvia a troca através do dinheiro, visando o aumento em escala cada vez maior.

Em suma, se as corporações impediam a expansão das forças produtivas que os comerciantes estavam exigindo para se desenvolver, eles próprios, organizaram outra produção fora das cidades, submetendo esta produção paulatinamente ao domínio do capital comercial.

Estavam lançadas as bases da manufatura. Enquanto a indústria doméstica dava sustentação a uma produção organizada em estágios sucessivos, cada um deles realizado por um artesão em sua casa, a manufatura reunia artesãos num mesmo espaço de trabalho, aproximando estas etapas e, portanto, tornando mais rápido o ciclo produtivo. À parte estas diferenças no que se refere à forma de articular as fases do processo produtivo, o importante é ressaltar como Dobb que "... a subordinação da produção ao capital era característica tanto do novo sistema doméstico quanto da manufatura..." e que aqui estão as bases da emergência do trabalho assalariado.

Para Singer as imposições colocadas pelo sistema corporativo criaram as condições para o surgimento de novas formas de organização do processo produtivo. "É a revolução da *manufatura*, que se dá *fora* da cidade e *contra* a cidade".

A concorrência estava estabelecida. E aconteceu uma expansão da manufatura, estimulada pelo fato de que o ciclo da produção de uma mercadoria não estava restrito à capacidade e domínio técnico de um artesão especializado sob os regulamentos do monopólio corporativista, mas estava compartimentado, na medida em que os novos artesãos, sem especialização maior e sob o controle do capital comercial, ocupavam-se de partes da produção.

Resumindo, o que se deu a partir da manufatura foi a especialização e o aprofundamento da divisão do trabalho, e os primeiros passos para a emergência do trabalho assalariado.

Paralelamente a este processo e decorrente da força econômica que a burguesia foi ganhando, começou a se estabelecer, politicamente, uma aliança que paulatinamente suprimiu os privilégios da aristocracia feudal e a autoproteção corporativa dos artesãos.

Tratava-se da aliança entre o capital comercial e a aristocracia real, entre a burguesia e o rei, que além de permitir a superação de barreiras inicialmente impostas à expansão dos interesses capitalistas, abriu espaço para esta expansão criando as condições para os grandes descobrimentos marítimos.

A URBANIZAÇÃO MODERNA

O capitalismo, enquanto modo de produção, encontra terreno firme para sua formação a nível político, através da aliança estabelecida entre o capital comercial e a realeza, e a nível do ideológico, através das doutrinas mercantilistas. É o processo da acumulação primitivista.

A aliança da burguesia comercial com o rei permitiu a formação dos ESTADOS NACIONAIS ABSOLUTISTAS. A ação política desta aliança desenvolveu-se em pelo menos duas frentes.

Em primeiro lugar, em termos de território europeu – espaço de constituição deste modo de produção – houve um grande reforço do processo de urbanização. Este reforço decorreu do fim do monopólio feudal sobre a produção alimentar. A ordem capitalista, ao se impor à ordem feudal, transformou a terra em mercadoria e levou a aristocracia feudal sem capital acumulado, a arrendar ou vender parcelas de suas terras.

Paralelamente, novas leis foram se impondo aos interesses de monopólio das corporações. O movimento capitalista precisava expandir a capacidade produtiva e desencadeou um processo de ampliação estimulando as manufaturas, que paulatinamente, com o fim das leis que protegiam as corporações, tomaram a cidade e transformaram o caráter da produção artesanal urbana. Enfim, a manufatura urbana foi reforçar a capacidade produtiva que a cidade havia adquirido a partir da produção artesanal organizada.

Ainda a nível das cidades europeias, a formação dos Estados Nacionais Absolutistas permitiu o adensamento populacional na medida em que o aparato político-administrativo que dava amparo ao Estado propiciou o aparecimento de uma burocracia numerosa e a formação de exércitos permanentes.

Além disto, o fortalecimento do rei em detrimento da aristocracia provocou a formação da corte e de outras instituições de grande prestígio social, o que foi um estímulo muito grande ao desenvolvimento do artesanato de luxo e das artes. No período feudal, a arquitetura e os costumes, por exemplo, denotavam a singularidade de uma sociedade ideologicamente comprometida com a pobreza e a frugalidade tidas do agrado divino. As cidades modernas, ao contrário, constituíram-se em depositárias da riqueza monetária, originada com o comércio e a usura. Henri Lefébvre em seu livro *O direito à cidade* assim define as cidades modernas:

"Nesses centros, prospera o artesanato, produção bem distinta da agricultura. As cidades apoiam as comunidades camponesas e a libertação dos camponeses, não sem se aproveitarem disso em seu próprio benefício. Em suma, são centros de vida social e política onde se acumulam não apenas as riquezas como também os conhecimentos, as técnicas e as obras (obras de arte, monumentos). A própria cidade é uma *obra*, e esta característica contrasta com a orientação irreversível na direção do dinheiro, na direção do comércio, na direção das trocas, na direção dos *produtos*. Com efeito, a obra é valor de uso e o produto é o valor de troca".

Os Estados Nacionais Absolutistas desenvolveram sua ação política numa segunda frente, muito importante para o processo de urbanização. A necessidade de ampliar as condições para o desenvolvimento do capitalismo impulsionou o empreendimento de grandes navegações marítimas. Promovia-se com isso a expansão colonial e a criação de novos monopólios comerciais.

Este processo de reforço à economia mercantil permitiu a extensão da urbanização ao mundo colonial, a partir do século XV. Ainda que as primeiras cidades coloniais não tenham sido mais do que portos construídos para escoar as riquezas coloniais em exploração, ou fortes para proteger os colonizadores, a extensão do fato urbano a novas áreas foi importante, porque se constituiu no embrião de um processo de ampliação espacial da urbanização e no suporte de articulação destas novas áreas ao capitalismo mercantil europeu. À medida que o próprio capitalismo se desenvolvia, esta urbanização no mundo colonial como veremos adiante, foi se ampliando e tomando um caráter de multiplicidade funcional.

Em algumas colônias, como as inglesas da América do Norte, o caráter das cidades foi se tornando múltiplo, a partir do século XVI, à medida que colonos se fixavam de forma permanente e se implantava uma economia mais estável. Johnson faz referência à fundação de Williamsburg (Virgínia, Estados Unidos), em 1633, cujo aspecto era de uma aldeia rural inglesa, sem nenhum caráter urbano e alguns anos depois, nos fins desse século, já se tornara capital da colônia de Virgínia e tinha ampliado suas funções.

No Brasil, durante o século XVI, foram fundadas 18 cidades, segundo os dados levantados por Nestor Goulart Reis Filho em seu livro *Evolução urbana no Brasil*, tendo esse número aumentado para 28 no século XVII. Para citar um exemplo, podemos destacar a cidade de Salvador da Bahia de Todos os Santos (atualmente, apenas Salvador), a qual foi fundada em 1549, e em 1583, quando Fernão Cardim percorria a costa brasileira, já tinha uma população considerável para a época: três mil portugueses, oito mil índios cristãos e três ou quatro mil escravos.

As cidades coloniais tinham apenas um caráter político-administrativo, militar-defensivo e de recepção e escoamento de mercadorias.

Recapitulemos alguns pontos:

A cidade assumiu, com o capitalismo, uma capacidade de produção, que a diferenciava totalmente do processo da urbanização ocorrido na Antiguidade. A cidade romana, para nos referirmos à organização política que permitiu maior urbanização no período antigo, era o *locus* da gestão político-administrativa, de exercício do poder, de moradia das elites dominantes. Manuel Castells, em seu livro *A questão urbana* define a cidade romana assim: "A cidade portanto não é um local de produção, mas de gestão e de domínio, ligado à primazia social do aparelho político-administrativo".

A cidade mercantil era também o espaço de dominação e gestão do modo de produção, de exercício de poder, e fornecedora de serviços, tanto quanto as cidades antigas. No entanto diferenciava-se delas por *seu caráter produtivo*, ou seja, por passar a ser, de forma mais marcante, o lugar da produção de mercadorias.

Outro ponto a ser ressaltado é o desenvolvimento da especialização funcional e portanto da divisão social do trabalho que se deu nas cidades mercantis; num primeiro momento através da organização da produção artesanal nas corporações, e num segundo momento, de forma mais acentuada, com o desenvolvimento da manufatura.

As cidades europeias modernas eram a manifestação destas transformações que estavam se dando no processo produtivo, para atender aos interesses de maior acumulação do capital. Elas eram também o meio que permitia e dava sustentação a estas transformações, na medida em que se constituíam em pontos de concentração populacional, isto é, da força de trabalho e de consumidores.

Um terceiro ponto a ser destacado é que as cidades, já na primeira fase do capitalismo – período mercantil – tornaram-se centros da vida social e política da Europa, pois a produção agrícola e a propriedade fundiária deixaram de ser os pontos de apoio da economia, assim como a aristocracia perdeu para a burguesia seu papel preponderante na gestão do processo social. A força das cidades, como espaço de sustentação da nova ordem econômica, social e política pode ser observada pela riqueza monetária, científica e artística que se acumulou nas cidades modernas nesse período também denominado Renascimento (a retomada e ampliação dos múltiplos papéis que se desenvolveram nas cidades antigas).

Com base nestes três pontos reforçados aqui, podemos entender a expressividade da urbanização europeia nos séculos XIV, XV, XVI e XVII, e a importância que muitas destas cidades atingiram. Lefèbvre reforça a dimensão e importância destas cidades, onde contraditoriamente comerciantes e banqueiros investiam "improdutivamente" parte de suas riquezas, e aponta, inclusive, para a constituição na Europa, de uma rede urbana (conjunto de cidades que mantinham relações econômicas entre si). A constituição da rede manifestava já uma certa divisão interurbana do trabalho, tornada possível pelas ligações existentes entre as cidades (estradas, vias fluviais e marítimas) e por relações comerciais e bancárias estabelecidas entre elas. Esta infraestrutura e estas relações estabeleceram-se com o apoio do poder centralizado do Estado Moderno.

Segundo o mesmo autor, é fundamental ressaltar que apesar desta divisão social do trabalho interurbana já estar embrionariamente estabelecida naquele período, a cidade mercantil ainda se constituía num sistema relativamente fechado, pois conservava seu caráter orgânico de comunidade, estabelecido a partir das corporações de ofício.

Um quarto ponto a ser destacado é o da extensão urbana ao mundo colonial. Se não fosse a necessidade de ampliação dos espaços sob o domínio do capital comercial, provavelmente a urbanização não teria se estendido àquela época, à América por exemplo.

A peculiaridade deste processo expansivo está no fato de que há um determinado tipo de urbanização que está sendo levado às novas áreas – a urbanização europeia, sob o domínio capitalista e a ele dando sustentação. Esta urbanização difere da urbanização antiga, que inclusive se manifestou na América, África e Ásia. Durante a Antiguidade, as cidades floresceram em diferentes territórios e diferentes tempos, sob organizações econômicas, sociais e políticas que também apresentavam diferenças entre si. O processo que observamos a partir do século XV é o de exportação do modelo urbano europeu, aquele das cidades-suportes para o desenvolvimento capitalista.

3
INDUSTRIALIZAÇÃO E URBANIZAÇÃO

As expressões *industrialização* e *urbanização* têm aparecido sempre associadas, como se se tratasse de um duplo processo, ou de um processo com duas facetas. A identidade entre estes dois "fenômenos" é tão forte, que não podemos fugir de sua análise, se queremos refletir sobre a sociedade contemporânea.

Já vimos que a urbanização é um processo que remonta à Antiguidade, e que a cidade é um fato desde que determinadas condições históricas, o permitiram há cerca de 5.500 anos atrás na Mesopotâmia. Isto foi visto no primeiro capítulo.

A expressão *indústria* traduz, no seu sentido mais amplo, o conjunto de atividades humanas que têm por objeto a produção de mercadorias, através da transformação dos produtos da natureza. Portanto, a própria produção artesanal doméstica, a corporativa e a manufatureira representaram formas de produção industrial, ou seja, um primeiro passo no sentido de transformar a cidade efetivamente num espaço de produção.

O sistema fabril já havia começado a se constituir quando o capital comercial deu início à organização da produção manufatureira. Daí ao advento da maquinofatura foram alguns passos.

Será que a expressão industrialização traduz bem este processo de transformação de matérias-primas em mercadorias, desde as suas primeiras fases? Ou será que a expressão tem um significado mais amplo, e se refere a transformações mais radicais tanto de ordem social, quanto econômica e política?

Ainda que a indústria seja a forma através da qual a sociedade apropria-se da natureza e transforma-a, a industrialização é um processo mais amplo, que marca a chamada Idade Contemporânea, e que se caracteriza pelo predomínio da atividade industrial sobre as outras atividades econômicas. Dado o caráter urbano da produção industrial (produção essa totalmente diferenciada das atividades produtivas que se desenvolvem de forma extensiva no campo, como a agricultura e a pecuária) as cidades se tornaram sua base territorial, já que nelas se concentram capital e força de trabalho.

Esta concentração é decorrência direta da forma como se estruturou a partir do mercantilismo, o próprio modo de produção capitalista. Decorrentes desse processo, as cidades deram ao mesmo tempo suporte a ele.

Nesta perspectiva, entender a urbanização a partir do desenvolvimento industrial, é procurar entender o próprio desenvolvimento do capitalismo.

SOBRE O CAPITALISMO INDUSTRIAL...

No capítulo anterior, de forma mais específica no item O Renascimento Urbano, procuramos destacar algumas transformações importantes ocorridas no fim do período de predomínio da economia feudal, que interessam ao entendimento da estruturação do modo de produção capitalista.

Destacamos como muda o caráter da circulação das mercadorias, antes realizada com a finalidade de se obter valores de uso, e a partir da emergência de um segmento social – os comerciantes – cuja ocupação específica é a realização desta circulação, passa a se dar com finalidade de se obter capital.

Ressaltamos como a constituição dos comerciantes em classe social – a burguesia – a partir do fortalecimento da atividade comercial e da acumulação de capital dela decorrentes, reforça sobremaneira as condições necessárias ao próprio desenvolvimento capitalista. Isto porque, de um lado "mina" a organização feudal, e do outro cria, através da ação política (possível pela aliança com a realeza), condições infraestruturais (por exemplo, melhoria das estradas e do transporte marítimo) e superestruturais (por exemplo, desenvolvimento de instituições legais que passam a proteger o comércio, em detrimento dos interesses da aristocracia feudal e das corporações) para este desenvolvimento.

Procuramos mostrar como estas transformações traduziram-se concretamente numa ampliação expressiva da ação capitalista, quer através do fim dos monopólios feudais sobre a produção alimentar, quer através do fim dos monopólios corporativistas sobre a produção artesanal, quer através da ampliação do território de atuação deste capital comercial, via monopólios coloniais, estabelecidos pelos "descobrimentos" marítimos.

Em sua obra *O Capital*, Marx ressalta que condições concretas concorreram para este processo:

> "A descoberta de ouro e prata na América, a extirpação, escravização e sepultamento nas minas, da produção nativa, o início da conquista e saque das Índias Orientais, a transformação da África num campo para a caça comercial aos negros, assinalaram a aurora da produção capitalista. Esses antecedentes idílicos constituem o principal impulso da acumulação primitiva".

Nesta primeira etapa do desenvolvimento capitalista que denomina-se capitalismo comercial, fase que permitiu a acumulação primitiva, ainda não havia se desenvolvido plenamente o novo modo de produção, porque o trabalho assalariado não havia se estabelecido de forma predominante.

Para entender como o capitalismo se desenvolve, conformando a etapa capitalista industrial, é fundamental apreender como se dá a emergência do trabalho assalariado. Leo Huberman, em seu livro *História da Riqueza do Homem* afirma que: "A história da criação de uma oferta necessária à produção capitalista deve, portanto, ser a história de como os trabalhadores foram privados dos meios de produção".

O modo de produção capitalista desenvolveu-se plenamente a princípio na Inglaterra, pois aí se concretizaram primeiramente as condições para tal, e mais cedo criou-se uma classe trabalhadora livre da condição servil e sem propriedades.

A Emergência do Trabalho Assalariado

A sociedade feudal era estática, com base na relação entre senhor e servo. A ampliação expressiva do comércio, o desenvolvimento de uma economia monetária que transformou o caráter da vinculação das mercadorias e o próprio crescimento das cidades – com tudo que este crescimento significava, sobretudo o fortalecimento de um espaço fora do domínio feudal – foram "acontecimentos" históricos que proporcionaram as condições necessárias à corrosão da instituição servil, pois permitiam aos camponeses o rompimento das amarras que os prendiam à economia feudal.

Com o crescimento das cidades retomava-se, de forma acentuada, a divisão do trabalho entre a cidade e o campo. Para uma população urbana crescente, havia necessidade de um aumento da produção agrícola. Isto se deu através do aumento da produtividade, com o desenvolvimento intensivo da agricultura, e através da extensão das áreas cultivadas.

Na Europa havia muitas terras ainda inaproveitadas. A partir do século XII desenvolveu-se um processo de mobilidade da fronteira agrícola europeia, pela transformação de terras improdutivas em áreas agricultáveis. Esta ampliação da área cultivada foi feita pelos camponeses, através de pedidos de concessão de terras e significou a possibilidade de ficarem livres das obrigações a que estavam sujeitos na ordem feudal.

As terras cultivadas se estenderam tanto através da concessão de terras, como através do arrendamento de parcelas das terras dos senhores feudais. Os servos conquistavam sua liberdade, e a terra – fonte de renda – tornava-se uma mercadoria valiosa para a aristocracia já em decadência com a desestruturação da economia feudal.

Paralelamente ao processo de libertação do servo das obrigações feudais, a indústria artesanal se modificou. Como vimos no capítulo anterior, à medida que as cidades cresciam, o mercado se ampliava e o uso do dinheiro se generalizava, os camponeses – responsáveis pela produção artesanal – tinham oportunidade de abandonar o campo e viver exclusivamente de um ofício. Não era necessário muito capital, porque a produção era feita em um dos cômodos da própria casa, ou seja, a oficina era doméstica.

O aumento do número de artesãos, e a necessidade de proteção de seus interesses fez surgirem as corporações de ofício, contra os quais se colocavam os interesses da burguesia comercial, de ampliação da capacidade produtiva. O surgimento da manufatura foi a reação a este processo, e muito contribuiu para a emergência do trabalho assalariado. A manufatura cresceu, dominou a cidade e transformou o próprio caráter da produção artesanal urbana.

Ainda no século XVI, quando muitos aperfeiçoamentos técnicos já haviam ocorrido (como a produção do papel e da pólvora com energia hidráulica), e a produção industrial ainda era predominantemente artesanal do ponto de vista técnico, o domínio do artesão sobre o processo produtivo já diminuía. Afrânio Mendes Catani destaca:

> "A forma de produção mais corrente, em particular na área têxtil, tinha ainda por base o artesanato. Assim, podia ainda ser realizada em pequenas oficinas ou até em casa, por pessoas que continuavam a

conservar uma pequena porção de terreno e continuavam a cultura em pequena escala com o artesanato como atividade secundária.

Portanto *era necessário capital para a aquisição de matérias-primas para a organização da venda* (e, às vezes, para o acabamento do produto), *o que era assegurado por um mercador-fabricante*, que deslocava o trabalho a ser realizado pelos artesãos nas aldeias ou nos subúrbios de cidades mercantis, *organizava a divisão do trabalho em fases de produção* (por exemplo, fiação, tecelagem, acabamento) *e tratava da venda do produto acabado*. A partir daí, as expressões 'indústria caseira ou doméstica' e, também, 'sistema de deslocação' têm sido usadas indiferentemente para definir aquela que foi a forma de produção mais característica na fase inicial, na pré-revolução industrial do capitalismo, que Marx chamou a fase da 'manufatura' por contraste com a da 'maquinofatura' introduzida pela revolução industrial" (destaques nossos).

Desta forma, o trabalho assalariado entrou em processo de "gestação". Embora os artesãos ainda fossem donos de seus meios de produção, e muitas vezes ainda possuíssem um pedaço de terra, o capitalista (ainda de fato, um comerciante) começou a subordinar a produção ao capital.

Este processo de decomposição da produção em fases, cabendo a cada artesão a responsabilidade por uma destas etapas, significava a sua perda de controle sobre o preço do produto, direito este que passou ao comerciante, responsável pela venda da mercadoria. Nesta relação, o pagamento recebido pelo artesão já começava a se assemelhar a um salário.

O processo acentuou-se à medida que os artesãos, perdendo o controle sobre o preço do produto, entraram em dificuldades financeiras, permitindo que tanto os comerciantes como os artesãos que conseguiram acumular algum capital se tornassem seus patrões.

Simultaneamente, a partir da segunda metade do século XVII, aperfeiçoaram-se os instrumentos de produção. As ferramentas e algumas máquinas (ainda que movidas pela energia humana) melhoraram e tornaram-se mais caras, o que acabou por fortalecer o controle da produção, por parte daqueles que tinham capital acumulado e podiam fazer frente a estes investimentos.

Paulatinamente a produção industrial passa a ser realizada na fábrica, onde através dos investimentos realizados pelos capitalistas, concentram-se instrumentos de produção mais modernos, que permitem uma produção mais rápida e de custo menor. A concorrência torna-se inexorável para a produção artesanal, e a emergência e predominância do trabalho assalariado, um fato consumado.

O reforço deste processo deu-se pelas transformações que ocorriam no campo: fim das terras comuns para pastagens, elevação das taxas de arrendamento em decorrência da transformação definitiva da terra em mercadoria, o que quer dizer, em fonte de renda. O aumento das taxas de crescimento populacional também permitiu a ampliação do contingente de expropriados, que portadores apenas de sua força de trabalho, constituíam-se mão de obra abundante para a produção fabril, e reforçavam a instituição do trabalho assalariado como forma predominante, já a partir do século XVI.

A Revolução Industrial

A expressão *indústria*, entendida em seu sentido mais restrito, diz respeito às formas tomadas pela produção de mercadorias, a partir da maquinofatura, e especialmente com a Revolução Industrial.

De fato, o que se denomina como Revolução Industrial, ocorrida na segunda metade do século XVIII, foi muito mais do que a decorrência da simples descoberta da máquina a vapor (1769), dos teares mecânicos de fiação (1767, 1768 e 1801), da locomotiva e da estrada de ferro (1829), como alguns livros didáticos afirmam. Muito pelo contrário, estas invenções não se constituem a causa da Revolução Industrial, mas decorrem de processos de transformação pelos quais estava passando o próprio processo de produção industrial desde o século XVI.

A predominância do trabalho assalariado, e por outro lado o controle, cada vez mais definitivo, da produção pelo capital, dão ao desenvolvimento capitalista um novo rumo, através da ampliação do espectro de acumulação e reprodução do capital. Antes era possível acumular-se a partir do comércio de todo o tipo que a economia mercantil permitia (inclua-se aí os saques e a pirataria, por exemplo). Agora, era possível reproduzir este capital acumulado, investindo-o na produção, através da compra dos meios de produção necessários: matéria-prima, ferramentas, máquinas e força de trabalho. Embutido no preço do produto, agora sob a determinação do capitalista, estava o "lucro", aquilo que a economia liberal considera a remuneração do capital investido, e que, na verdade, constitui-se na apropriação de parte da riqueza produzida pelo trabalhador que o seu salário não remunera – a mais-valia.

Para esta apropriação de mais-valia ampliar-se e permitir a própria ampliação do capital era preciso incentivar o aumento dos ritmos de produção, o aumento da produtividade. Segundo Marx, este aumento de extração da mais-valia deu-se de duas formas diferentes.

A reprodução do capital intensificou-se através do aumento da mais-valia absoluta, isto é, aumento da jornada de trabalho dos assalariados, em face de uma diminuição progressiva dos salários pagos. Há registros referentes à primeira metade do século XIX, que apontam para jornadas de trabalho de até 16 horas diárias na Inglaterra, incluindo-se o trabalho de mulheres e crianças, que precisavam também vender sua força de trabalho para garantir a sobrevivência familiar. O grande contingente de força de trabalho disponível já havia permitido o achatamento dos salários a um nível de aviltamento tal, que o chefe de família jamais conseguia nessa época, prover o sustento de sua família.

Ainda que a força de trabalho viesse sendo explorada ao máximo, o capital procurava outras formas de se reproduzir, para realizar mais rapidamente a apropriação da mais-valia.

O incentivo ao desenvolvimento técnico e científico foi grande neste período, não por acaso. Era preciso implementar-se melhorias técnicas e descobrir novas formas que permitissem mais rapidez para a realização do capital. A máquina a vapor apareceu neste contexto, permitindo o aumento da mais-valia – a realização da mais-valia relativa.

É inegável a importância para o desenvolvimento capitalista, da descoberta de máquinas que não dependiam mais exclusivamente da força humana ou de uma energia sobre a qual não se tinha controle total como a do vento. Mas é preciso inverter a ótica de análise mais corrente: a Revolução Industrial não aconteceu porque se descobriu a máquina a vapor, mas a máquina a vapor foi descoberta porque se precisava promover uma revolução nos moldes da produção industrial, de sorte a ampliar as possibilidades de realização do capital.

Este processo foi de fato tão transformador que mereceu o nome de revolução, e reduziu a expressão *indústria* a um sentido mais restrito, ao da existência de um sistema fabril de larga escala de produção, para o qual concorreu a utilização de uma energia não humana, permitindo a produção em série.

O início da industrialização entendida aqui como traço da sociedade contemporânea, como principal atividade econômica e principal forma através da qual a sociedade se apropriava da natureza e a transformava marcou de forma profunda e revolucionou o próprio processo de urbanização.

URBANIZAÇÃO VIA INDUSTRIALIZAÇÃO

Industrialização e Crescimento Populacional Urbano

Foi grande o impulso tomado pela urbanização a partir do pleno desenvolvimento da industrialização. Tomamos aqui o uso do termo urbanização no sentido de aumento da população que vive em cidades em relação à população total. Logo, este sentido pressupõe a diminuição relativa da população rural. Ainda que tenhamos ressaltado a importância do crescimento urbano a partir do reflorescimento comercial na Europa, e ainda que algumas cidades tenham atingido a faixa dos duzentos mil habitantes no decorrer do século XVII, de fato a Europa ainda era predominantemente agrária. As populações que viviam em cidades com mais de cem mil habitantes, constituíam 1,6% da população europeia em 1600, e em 1800, somavam apenas 2,2%.

A partir da intensificação da produção industrial, tornada viável tanto graças ao capital acumulado, como pelo desenvolvimento técnico-científico a que se denomina Revolução Industrial, a urbanização tomou ritmos muito acentuados.

Esta relação direta entre os dois processos, não se deu da mesma forma nem com a mesma intensidade por todo o território europeu, embora seja comum se falar da urbanização europeia do século XIX como algo uniforme.

O melhor exemplo da urbanização foi, sem dúvida, o da Inglaterra, primeiro espaço de desenvolvimento pleno do capitalismo industrial. No começo do século XIX a proporção de pessoas nas cidades de mais de cem mil habitantes era da ordem de 10%, sendo que quarenta anos depois era de 20% – aumento grande se comparado ao crescimento observado no século anterior para a Europa.

Devemos acrescentar um dado importante à análise: os índices de mortalidade eram altíssimos na Europa. Milton Santos, em *A urbanização desigual*, apresenta alguns dados ilustrativos deste processo. As taxas de mortalidade na Europa Ocidental eram da ordem de 30% no começo do século XIX, e ainda de 18% em 1900. A tabela 1 reúne índices de alguns países, permitindo-nos verificar que eram altos tanto na Inglaterra, que já iniciara sua industrialização, quanto na Espanha, que ainda não vivia este processo. Os índices acentuam-se à medida que tomamos dados para as grandes cidades: a taxa de mortalidade em Paris era de 29,8% entre 1851 e 1855 e de 24,4% entre 1881 e 1885. Ainda há que se considerar que a mortalidade infantil era alta, e que na Inglaterra, por exemplo, na metade do século XIX, a mortalidade no meio urbano era 25% maior que no meio rural.

TABELA I

Índices de Mortalidade em Alguns Países Europeus

Período	Inglaterra País de Gales	Alemanha	França	Holanda	Espanha
1871	21,4%	27,2%	23,7%	24,3%	30,8%
1901-1910	15,4%	18,7%	19,5%	15,2%	25,1%

Fonte: Milton Santos – *A urbanização desigual.*

A partir do que foi exposto anteriormente, podemos avaliar a expressão daquela urbanização que seria ainda maior não fosse a elevada taxa de mortalidade. Certamente essa urbanização correspondeu a movimentos migratórios campo-cidade, decorrentes de mudanças estruturais no campo nos séculos anteriores, face ao desenvolvimento capitalista, que deu às cidades uma capacidade produtiva maior.

As Cidades Depois da Revolução Industrial

A expressão da urbanização via industrialização não deve ser tomada apenas pelo elevado número de pessoas que passaram a viver em cidades, mas sobretudo porque o desenvolvimento do capitalismo industrial provocou fortes transformações nos moldes da *urbanização*, no que se refere ao papel desempenhado pelas cidades, e na estrutura interna destas cidades. Castells sugere que ao invés de se falar de urbanização, que se fale de *produção social das formas espaciais*, na perspectiva de apreender "as relações entre o espaço construído e as transformações estruturais de uma sociedade". Assim, não devemos apenas enxergar na urbanização que se dá via industrialização, uma acentuação da proporção de pessoas vivendo em cidades. Devemos analisá-la no contexto da passagem da predominância da produção artesanal para a predominância da produção industrial (entendida aqui, no seu sentido mais restrito, pós-Revolução Industrial), ou seja, da passagem do capitalismo comercial e bancário para o capitalismo industrial ou concorrencial.

As cidades, como formas espaciais produzidas socialmente mudam efetivamente, recebendo reflexos e dando sustentação a essas transformações estruturais que estavam ocorrendo a nível do modo de produção capitalista. A indústria provoca um impacto sobre o urbano. Poderíamos pensar, à primeira vista, que o desenvolvimento industrial a partir da Revolução Industrial constitui-se *apenas* no reforço do papel produtivo assumido pela cidade com o capitalismo comercial, que permitiu as produções artesanal e manufatureira. Em parte o processo é este, mas ao mesmo tempo ele é contraditório, porque ao acentuar o papel produtivo das cidades, transforma a própria cidade.

As cidades comerciais europeias eram o lugar da riqueza acumulada na primeira fase do capitalismo. Já se constituíam espaços de concentração de capitais disponíveis acumulados com o mercantilismo, eram o espaço do poder econômico e político (lugar de moradia dos capitalistas e sede dos Estados Modernos), e nelas também se concentrava uma grande reserva de força de trabalho. Além disto, o capitalismo comercial ajudou a criar nas cidades uma infraestrutura muito importante para o desenvolvimento industrial. Houve um grande avanço técnico e científico, formou-se uma rede bancária e um mercado urbano, pois na medida em que, afastados de suas condições de produção no campo e impedidos de continuar a realizar sua produção artesanal, os trabalhadores tornaram-se consumidores dos elementos necessários à sua sobrevivência.

As cidades comerciais já eram, de fato, o "bom" lugar para o desenvolvimento industrial. E assim se deu. Lefèbvre afirma que, rapidamente, as indústrias aproximaram-se destas cidades, transformaram o seu caráter, adaptando-o às novas necessidades. Este movimento de absorção foi se dando à medida que estas cidades encontravam-se em territórios/países que estavam se industrializando, o que é possível ser observado até nossos dias. De fato a indústria apropriou-se até mesmo dos símbolos urbanos pré-industriais, como Atenas e Veneza, criando espaços dicotômicos: a Atenas antiga em acrópole e a Atenas moderna – industrial – junto ao porto; a Veneza, símbolo do renascimento urbano mercantil e a Veneza continental – área de concentração de suas indústrias atualmente.

A indústria absorve os centros urbanos já importantes nos fins do século XVIII e durante o século XIX, predominantemente em alguns setores, como, por exemplo, os da indústria gráfica e de papel, ambas já desenvolvidas de forma artesanal nas grandes cidades comerciais.

Contudo, houve, no mesmo período, uma tendência à localização industrial fora das cidades, principalmente em setores como o da metalurgia, cujo interesse era grande em estar próximo a fontes de energia (nesta época, principalmente, o carvão), meios de transporte (rios e depois estradas de ferro), de matérias-primas (por exemplo, minerais), sem prescindir de importantes reservas de força de trabalho que o artesanato camponês fornecia. Quando isto ocorreu, a indústria gerou a cidade.

Este quadro é um bom exemplo do que se deu na Inglaterra, onde a acumulação primitiva fora possível, sobretudo pelo destacado comércio ultramarino desenvolvido pelos ingleses, mas onde não se desenvolveram grandes centros urbanos, como na Europa Mediterrânica Ocidental, exceção feita a Londres, que já possuía em 1700, cerca de setecentos mil habitantes.

Inúmeras cidades surgiram e/ou se desenvolveram durante o século XIX, próximas a regiões carboníferas, não somente na Inglaterra, como na bacia do Ruhr (Alemanha), do Donetz (Rússia) e na Silésia (Polônia).

A figura 6 apresenta um gráfico que reúne curvas descritas pelo crescimento populacional de algumas cidades europeias, cujo crescimento industrial provocou forte aumento da população. Birmingham e Manchester (Inglaterra) destacam-se como exemplos muito ilustrativos.

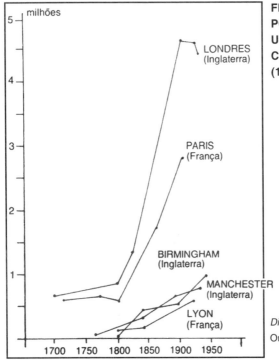

FIG. 6 – CRESCIMENTO POPULACIONAL URBANO DE ALGUMAS CIDADES EUROPEIAS (1700-1950)

Diversas Fontes.
Org.: Maria Encarnação B. Sposito

As Mudanças Estruturais no Papel das Cidades

O novo ritmo da produção, imprimido pela industrialização maquinofatureira exigia e provocava mudanças estruturais, do que o crescimento populacional era apenas decorrência. A grande ampliação das trocas e da economia monetária que o capitalismo mercantil proporcionou, não chegou a significar uma expansão muito grande do mercado das cidades comerciais. Já dissemos que durante a Idade Moderna as cidades mantiveram-se quase que como organismos autônomos, com forte base no mercado local e regional, ainda que houvesse um comércio abrangendo territórios mais amplos, inclusive ultramarinos, que tornava estas cidades depositárias de muita riqueza acumulada.

A fábrica e todos os investimentos necessários para que o capital desenvolvesse plenamente a capacidade produtiva das unidades industriais, exigiam a ampliação dos mercados, o que quer dizer o fortalecimento das relações entre os lugares. A especialização funcional que vimos começar com a manufatura manifestou-se numa divisão social do trabalho cada vez mais complexa à medida que o capitalista fazia mais investimentos na unidade industrial, com o objetivo de ampliar sua capacidade produtiva.

Esta ampliação pressupunha a expansão do próprio mercado. À produção artesanal corporativa bastava quase que apenas o mercado local; à produção industrial em larga escala era necessário que este mercado se ampliasse a nível regional, nacional e até internacional.

Isto significou o fim da cidade como sistema institucional e social quase autônomo e provocou, de forma definitiva, a constituição de redes urbanas, dada a ampliação crescente da articulação entre os lugares. Pelo princípio capitalista da acumulação e reprodução do capital, interessava ao proprietário de uma indústria têxtil de Lancashire (Inglaterra) que sua produção fosse consumida em todo o Reino Unido, e se possível, na Europa Continental, e que ele pudesse um dia estender seu mercado a outros continentes. Assim também pensava, por exemplo, o proprietário de uma metalúrgica localizada na bacia do Ruhr.

A crescente especialização funcional que a industrialização provocou, e a ampliação dos mercados que a sua produção em série exigiu, ao fortalecer a articulação entre os lugares, e principalmente entre as cidades, reforçou a divisão social do trabalho, que se manifestou a nível espacial – *a divisão territorial do trabalho*. Ou seja, os lugares também se especializaram funcionalmente, à medida que transformações estruturais foram se dando a nível da sociedade; o espaço foi

53

sendo produzido socialmente para atender esta nova realidade – a de uma economia com forte base no desenvolvimento industrial.

Esta divisão territorial do trabalho tornou-se mais efetiva e possível a partir do desenvolvimento das comunicações e dos transportes. No conjunto de inovações a que se denomina Revolução Industrial, está incluída a própria revolução dos transportes, para o que a construção de estradas de ferro na Europa do século XIX foi o primeiro passo. Nos dias atuais, esta rede de comunicações e transportes que permite a circulação das pessoas, das mercadorias, das informações, e é suporte para o desenvolvimento capitalista, é tão densa, que parece até difícil conceber que há um século atrás esta rede ainda estivesse se formando.

Um dos resultados concretos da articulação entre os lugares, que permitiu a constituição da rede urbana, foi a interdependência entre as cidades, que provocou, ao longo do tempo, a subordinação de umas às outras, ao que se deu o nome de hierarquia urbana.

Entre as cidades comerciais modernas, por conta do nível de autonomia de que gozavam, não se observava interdependência, ainda que mantivessem relações entre si. Havia cidades de tamanhos e importâncias diferentes, o que não decorria especificamente das relações entre elas, mas da magnitude de seus mercados, e da força política e econômica de sua classe dominante.

As cidades pós-Revolução Industrial desempenharam cada vez mais seus papéis a partir da posição que ocupavam na rede urbana, da magnitude de suas relações econômicas, da quantidade de capital ali acumulado (o que quer dizer, inclusive, da infraestrutura ali existente para dar sustentação à reprodução deste capital), da sua condição ou não de centro de decisões numa economia que não tinha mais por base o espaço local ou regional, mas, ao contrário, propunha como meta romper as barreiras das fronteiras nacionais.

Com o modo de produção capitalista assim se desenvolvendo, a rede urbana foi se constituindo hierarquizadamente, tendendo à formação de grandes aglomerados urbanos – as metrópoles – espaços de concentração de capital, de meios de produção, e *locus* da gestão do próprio modo de produção. Estas aglomerações subordinavam outras de porte médio, que por sua vez exerciam o papel de elo de ligação com os pequenos centros. Veremos adiante que atualmente, esta tendência à hierarquização da rede tem se manifestado de forma mais evidente, dada a fase do capitalismo – monopolista – que predominou, a nível mundial, depois da Segunda Guerra Mundial.

O aumento das relações econômicas entre as cidades e a subordinação de umas às outras, foi anulando as diferenças essenciais entre elas – e esta é outra mudança estrutural a ser ressaltada. A indústria maquinofatureira que permitiu a produção em larga escala, foi provocando a constituição de uma sociedade de consumo de massa. Este processo promoveu, a partir do século XIX e principalmente no decorrer do século XX, uma homogeneização dos valores culturais sob a esfera do domínio capitalista. Atuando ideologicamente sobre a sociedade, a propaganda cria necessidades de consumo cada vez mais uniformes, e anula paulatinamente as diferenças culturais. Este processo reflete-se na paisagem urbana. Não há dúvidas sobre as enormes diferenças que existem entre os valores culturais e a história das sociedades estadunidense e japonesa. Mas andando pelas principais vias do centro financeiro de Nova York ou de Tóquio, não vamos notar diferenças marcantes: edifícios de concreto e vidro, avenidas, viadutos, modernos automóveis, outdoors da Coca-Cola e yuppies vestidos ao estilo de Yves Saint Laurent ou de qualquer costureiro internacional. Estes mesmos elementos podem ser observados na Avenida Paulista, às 9 horas da manhã de uma segunda-feira, ainda que São Paulo seja uma metrópole de país dito subdesenvolvido.

Os "Problemas" Urbanos

A cidade recebeu diretamente as consequências do rápido crescimento populacional imprimido pela Revolução Industrial, e sofreu, a nível de estruturação de seu espaço interno, muitas transformações.

O rápido crescimento populacional gerava uma procura por espaço, e por outro lado o crescimento territorial das cidades no século XVIII e primeira metade do século XIX estava restrito a um determinado nível, além do que ficava impossível percorrer a pé as distâncias entre os locais de moradia e trabalho. Ou seja, o crescimento populacional não podia ser acompanhado em seu ritmo pelo crescimento territorial.

Paralelamente, o desenvolvimento do modo de produção capitalista já tornara a terra também uma mercadoria, o que significava que o acesso a uma parcela do espaço destas cidades estava mediado, pela compra ou aluguel de terrenos, com construções ou não.

Como consequência disto, houve um adensamento habitacional muito grande. Os livros de Leonardo Benevolo (*História da cidade*) e Friedrich Engels (*A situação da classe trabalhadora na Inglaterra*) apresentam muitos relatos que nos permitem avaliar as transformações ocorridas.

O crescimento das cidades tornou centro a área antes compreendida por todo o núcleo urbano, formando-se ao seu redor uma faixa nova, considerada a *periferia*.

Cem anos após a Revolução Industrial, o chamado centro guardava a sua estrutura original, com seus monumentos, suas ruas estreitas, algumas casas pequenas e compactas, jardins e pátios anexos às residências dos mais ricos. Estes foram abandonando, aos poucos, o centro, onde se amontoavam trabalhadores pobres e recém-migrados do campo. Nos pátios e jardins eram feitas novas construções – casas, indústrias, barracões – tornando a densidade elevadíssima.

A periferia era entendida como uma espécie de território livre da iniciativa privada, onde, de forma independente, surgiram bairros de luxo (para abrigar os ricos emigrados do centro), bairros pobres (onde moravam mais assalariados e recém-emigrados do campo), unidades industriais maiores, depósitos. Estes novos setores da cidade foram, com o correr do tempo, fundindo-se num tecido urbano mais compacto.

Contribuiu para este crescimento das cidades, que denotava uma desordem muito grande na paisagem e na malha urbana, o fato de que houve um abandono das formas de controle público sobre o espaço construído. O Estado não elaborava mais planos, nem regulamentos, e nem fiscalizava as formas pelas quais a cidade vinha sendo produzida. Ele próprio passou a ser um especulador, vendendo muitos terrenos públicos para pagar suas dívidas. A classe dominante aproveitou para realizar seus investimentos imobiliários.

A cidade, o bairro, a casa iam sendo assim determinados pelos interesses do lucro. Benevolo chama de cidade liberal "... este ambiente desordenado e inabitável que é o resultado da superposição de muitas iniciativas públicas e particulares, não reguladas e não coordenadas".

As ruas eram estreitas demais, principalmente no centro, e insuficientes para a circulação das pessoas, dos veículos puxados por animais, para o escoamento do esgoto, criação de porcos, e ainda local de brincadeiras das crianças.

As casas eram muito pequenas. Muitas continham as mesmas acomodações das moradias do campo, mas a falta de espaço ao redor delas se constituía em séria dificuldade para a eliminação do lixo, para a ventilação, insolação, para a realização de alguns trabalhos domésticos. Os pátios, quando havia, eram reduzidos e estavam cercados por construções de todos os lados. Além disto, a maioria destas casas localizava-se próximo das indústrias e estradas de ferro, fontes de fumaça, barulho e poluição dos rios. A figura 7 permite-nos imaginar o quanto era densa a ocupação urbana nestas áreas de moradias de trabalhadores, e a figura 8 dá

**FIG. 7
VISTA DO CENTRO DE LONDRES, PUBLICADA
EM 1851 PELA FIRMA BANKS & CO.**

Fonte: BENEVOLO,
Leonardo: História da
Cidade.

uma indicação de como eles viviam no interior destas casas. Engels descreve assim um bairro periférico de Manchester:

"Numa depressão bastante profunda, circundada por altas fábricas, por altas margens cobertas de construções e de aterros, se juntam em dois grupos cerca de 200 casas em sua maioria com a parede posterior comum duas a duas, onde moram, no total, cerca de 4000 pessoas, quase todas irlandesas. As casas são velhas, sujas e do tipo menor, as ruas são desiguais, cheias de buracos e em parte não calçadas e destituídas de canalização. Lixo, refugos e lodo nauseante são esparsos por toda parte em enormes quantidades, no meio de poças permanentes, a atmosfera está empestada por suas exalações e turvada e poluída por uma dúzia de chaminés; uma massa de mulheres e de crianças esfarrapadas vagueia pelos arredores, sujas como os porcos que se deleitam sobre os montes de cinzas e nas poças".

A cidade era a própria desordem, e já na primeira metade do século XIX percebia-se a quebra de uma certa homogeneidade do seu padrão arquitetônico, e o fim da cidade como ambiente comum. O

FIG. 8
UMA CHOÇA OPERÁRIA, EM GLASGOW – INGLATERRA

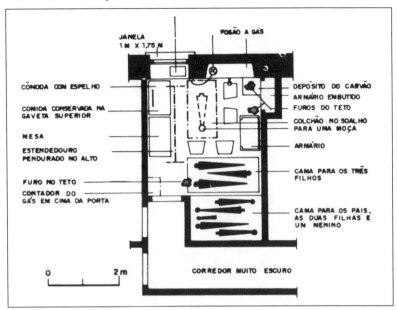

Fonte: BENEVOLO, Leonardo: História da Cidade.

desenvolvimento capitalista e os inúmeros "problemas" urbanos advindos da rápida industrialização incentivaram o comportamento individual e a separação espacial das classes sociais dentro da cidade: os bairros de pobres, os bairros de ricos... Ter uma residência individualizada cercada de espaços era sinal de prestígio social, só possível para os mais ricos.

Podemos agora discutir um pouco estes "problemas" urbanos. A falta de coleta de lixo, de rede de água e esgoto, as ruas estreitas para a circulação, a poluição de toda ordem, moradias apertadas, falta de espaço para o lazer, enfim, insalubridade e feiura eram problemas urbanos, na medida em que se manifestavam de forma acentuada nas cidades, palco de transformações econômicas, sociais e políticas. Contudo, é fundamental observar que estes problemas constituíam manifestações claras da etapa pela qual o desenvolvimento do modo de produção capitalista estava passando.

O liberalismo, como referencial ideológico, a livre concorrência e a iniciativa privada sem intervenção do poder público, como princípios de conduta, e a busca de reprodução do capital a todo custo, transformaram, especialmente as cidades inglesas do século XIX, em espaços caóticos. A figura 9 permite avaliar a desordem da Londres desse século, onde monumentos históricos, casas, oficinas e indústrias misturavam-se. Estes problemas não eram portanto *da* cidade, eram do próprio modo de produção e se manifestavam *na* cidade.

FIG. 9 – LONDRES: BAIRROS POBRES, SOB OS VIADUTOS FERROVIÁRIOS, NUMA GRAVURA DE GUSTAVE DORÉ DE 1872.

Fonte: BENEVOLO, Leonardo: História da Cidade.

Esta desordem não pôde perdurar por muito tempo, porque começou a incomodar até mesmo os mais ricos. A falta de condições sanitárias permitiu o alastramento de um surto de cólera pela Europa em 1830. As carruagens burguesas já não podiam circular imunes pelas ruas com a lama e o cheiro que emanava destas passagens de terra, onde o esgoto e o lixo se misturavam aos porcos e às crianças. A poluição atingiu até os bairros ricos, e a falta de água limpa era problema para todos.

A década de 1840 foi marcada por uma série de sindicâncias sobre as condições de vida nas maiores cidades. Por outro lado, como aponta Benevolo, houve o fim dos regimes liberais, com a ascensão de Napoleão III na França, Bismarck na Alemanha e os conservadores na Inglaterra, pondo fim à tese de não intervenção do Estado. A segunda metade do século XIX foi marcada pela aprovação de leis sanitárias, implantação de redes de água e esgoto (e depois, de gás, eletricidade e telefone) e melhorias nos percursos (ruas, praças, estradas de ferro). O poder público estabeleceu regulamentos e executou obras: a administração passou a gerir/planejar os espaços urbanos. Paralelamente, desenvolveu-se o transporte coletivo urbano, cujo primeiro veículo foi o bonde a cavalos, possibilitando percorrer distâncias intraurbanas um pouco maiores.

Estas medidas permitiram a reorganização das cidades europeias, e refletiam a preocupação dos capitalistas em melhorar as condições de vida dos trabalhadores. Em algumas cidades industriais inglesas, a duração média de vida havia baixado para menos de 30 anos, na primeira metade do século XIX. Comendo mal, dormindo pouco, morando mal, os trabalhadores produziam relativamente pouco, apesar das longas jornadas de trabalho.

Esta intervenção administrativa, da qual a atuação do prefeito Haussmann em Paris a partir de 1851 é um bom exemplo, provocou mais modificações na estrutura interna das cidades.

O centro foi totalmente remodelado para a abertura de corredores de trânsito. A densidade continuou a ser a marca principal, pois os novos edifícios ainda eram construídos na linha da rua. Havia uma nítida sobreposição da cidade pós-liberal sobre a cidade anterior, pois muitas das construções antigas foram derrubadas em nome do melhor aproveitamento dos espaços e da uniformidade da arquitetura, onde se construíram edificações com mais andares.

As áreas residenciais ricas afastaram-se do centro à procura de ares mais limpos, e as famílias de maior poder aquisitivo passaram a construir suas casas distanciadas da linha da rua.

Em nome do melhor aproveitamento do espaço, mas no fundo objetivando maiores lucros, foram planejados imensos bairros operários, marcados por alta densidade e por uniformidade.

A cidade estendeu-se ainda mais, com o surgimento de muitos subúrbios, onde se instalavam novas indústrias atendendo às exigências das leis sanitárias e novas áreas de moradias de trabalhadores.

Como o leitor já deve ter observado, guardadas as diferenças como as de padrão arquitetônico, aí estão as bases da estrutura urbana das cidades de hoje. Podemos reconhecer estes traços em muitas cidades contemporâneas, pois a especialização funcional do uso do solo urbano começou a partir da separação social no interior do espaço urbano. As cidades estadunidenses – exemplos do desenvolvimento capitalista do século XX – dão mostras deste tipo de estruturação urbana.

4
URBANIZAÇÃO E CAPITALISMO MONOPOLISTA

O mercantilismo, ao propiciar a acumulação primitiva nos países europeus e, portanto, a constituição do capital, precisou da acentuação da urbanização europeia e da extensão desta urbanização às áreas recém-conquistadas. Sustentava, assim, através do pacto colonial, o comércio exterior que a Europa desenvolvia para criar demanda à sua indústria manufatureira.

A industrialização, ao ampliar o nível das forças produtivas, acentuou a capacidade de produção dos países "centrais", reforçando a diferença entre os níveis de produtividade destes países e dos "periféricos". O pacto colonial rompeu-se, diminuindo o domínio/subordinação política e reforçando o domínio/subordinação econômica.

As relações econômicas entre países, e não mais entre metrópole e colônias, traduziram-se numa troca desigual no sentido amplo. Os países já plenamente industrializados passaram a trocar com os países não industrializados ou em início de industrialização, seus produtos de maior valor, predominantemente produtos industriais, por outros de menor valor, predominantemente produtos primários.

A desigualdade desta troca estava na própria diferença entre os valores alcançados no mercado por produtos diferentes, e isto era possível porque a produção industrial estava concentrada nos países "centrais", e se realizava, em escala ainda reduzida, nos outros países. Em outras palavras, era uma troca entre países de níveis de desenvolvimento capitalista diferentes. Na Inglaterra, na França ou nos Estados Unidos por exemplo, o capitalismo já estava dominando todas as formas de produção e subordinando as relações sociais que sustentavam o seu desenvolvimento. Por outro lado, na América Latina ou em Portugal (para citar um exemplo europeu e não se cair na confusão ideológica de identificar nível de desenvolvimento com áreas geográficas e reforçar nos dias de hoje o determinismo geográfico), a economia ainda se apoiava em ramos fracamente capitalizados, como por exemplo a agricultura, não tendo ainda ocorrido uma subordinação de todas as relações de trabalho ao capital.

Esta troca desigual dificultou a acumulação e reprodução do capital nos países "periféricos" e reforçou as condições para esta reprodução nos países centrais. Em relação aos países "periféricos", Alain Lipietz em seu livro *O capital e seu espaço*, denomina este processo de o "desenvolvimento do subdesenvolvimento".

Foi grande a urbanização desta fase do capitalismo concorrencial ou industrial, como mencionamos no capítulo anterior, ao menos no que diz respeito às mudanças estruturais ocorridas com o papel das cidades na Europa industrial.

Antes de discutir como este processo se manifesta, em termos de urbanização, nos países ditos subdesenvolvidos, vamos tratar da terceira fase do desenvolvimento capitalista.

SOBRE O CAPITALISMO MONOPOLISTA

A concentração do capital é a base do processo produtivo desenvolvido na indústria fabril. O grande progresso técnico ocorrido a partir da Revolução Industrial acentuou fortemente este traço, permitindo uma acumulação grande nos países "centrais", e tornando o capitalismo cada vez menos concorrencial. Ou seja, à medida que o desenvolvimento técnico e o capital investido em um determinado setor industrial tornavam-se maiores, permitiam que os capitalistas e/ou países que contavam com largas fatias do mercado reforçassem suas posições e inviabilizassem a entrada de outros capitalistas e/ou países nesta concorrência.

Nos ramos onde havia maior reprodução do capital, criaram-se condições reais de expansão, permitindo o desenvolvimento pleno do capitalismo em outros setores ou territórios. Tais condições, tanto capital-dinheiro como domínio tecnológico (também uma forma de capital) permitiam ao capitalismo "central" se *deslocalizar*, usando a expressão de Lipietz, ou seja, desdobrar-se em termos mundiais, integrando diretamente outras economias nacionais.

Esta integração significava que o capitalismo dos países "periféricos" subordinava-se amplamente ao capitalismo mundial, num processo que se denomina *internacionalização do capital.*

62

A deslocalização-desdobramento-internacionalização do capital vem se realizando com a multinacionalização das empresas, e a articulação entre os lugares (da produção e do consumo) não apenas ao nível regional ou nacional, mas agora transnacional. A esta fase do capitalismo corresponde uma nova divisão internacional do trabalho. A troca desigual não corresponde mais, apenas, a um comércio internacional que permite produções de diferentes valores (produtos industriais por produtos primários). Ao se "exportar" o capital (dinheiro e tecnologia) do "centro", desencadeia-se ou se promove novas etapas no processo de industrialização da "periferia", e transforma-se as bases sobre as quais passa a se dar a troca desigual.

Assim é possível realizar, na "periferia", uma produção do mesmo tipo que a do "centro", promovendo a integração de diferentes territórios em diferentes continentes numa economia mundial.

A troca desigual no capitalismo monopolista internacional tem um sentido mais restrito e decorre para Lipietz da capacidade do trabalhador da periferia de criar produtos/valores ao nível internacional – "fragmentos do valor internacional" –, mas de ter definido o valor de sua força de trabalho pelo padrão de vida de sua área de origem. Este diferencial amplia as possibilidades de reprodução do capital, tanto mais porque ele pode se deslocar para outros setores e/ou territórios, encontrando outros momentos e/ou lugares para se realizar.

Este processo pode se tornar mais fácil de ser compreendido, se nos perguntarmos por que será que a unidade territorial da Volkswagen do Brasil, localizada em São Bernardo do Campo (estado de São Paulo), produz Passats, que vão ser consumidos na Alemanha; ou por que a Mitsubishi do Brasil ainda produz transistores necessários à sua linha de produção, com forte apoio na mão de obra feminina, enquanto no Japão os mesmos componentes são produzidos com menos trabalhadores graças ao desenvolvimento tecnológico já alcançado por esta empresa. Será que estas multinacionais estão preocupadas em ampliar o mercado de trabalho e contribuir para solucionar o problema do desemprego no Brasil?

Parece-nos não ser preciso responder estas perguntas. Basta reforçar que no que concerne à troca desigual no sentido amplo, e no sentido restrito, o que se tem concretamente através das produções, diferentes entre as regiões/países, é um desenvolvimento desigual entre estes lugares, mas que estão articulados entre si, o que se manifesta numa urbanização com estes mesmos traços.

Que urbanização é esta?

A URBANIZAÇÃO DE HOJE...

Ao trabalharmos o impacto da industrialização sobre a urbanização destacamos algumas mudanças estruturais no papel e na estruturação do espaço interno das cidades. Esta produção social das formas espaciais, é ao mesmo tempo manifestação e condição do estágio de desenvolvimento das forças produtivas sob o capitalismo. Nesta perspectiva, estamos falando do espaço como concretização-materialização do modo de produção determinante no caso o capitalista, e a cidade como uma manifestação desta concretização. Os espaços não são apenas urbanos; existe a cidade e o campo. O modo de produção não produz cidades de um lado e campo do outro, mas ao contrário, esta produção compreende uma totalidade, com uma articulação intensa entre estes dois espaços.

Quando tratamos da origem das cidades no primeiro capítulo, reforçamos o aspecto da necessidade da produção do excedente agrícola para que historicamente a cidade se conformasse, e mostramos como, através do exercício do poder político e religioso, o urbano e o rural articulavam-se. Mostramos também como esta relação entre a cidade e o campo mudou no decorrer dos tempos, a partir de transformações sociais, econômicas e políticas. Como está hoje esta articulação? Ou, em outras palavras, qual o papel das cidades no contexto do capitalismo monopolista?

A cidade é, particularmente, o lugar onde se reúnem as melhores condições para o desenvolvimento do capitalismo. O seu caráter de concentração, de densidade, viabiliza a realização com maior rapidez do ciclo do capital, ou seja, diminui o tempo entre o primeiro investimento necessário à realização de uma determinada produção e o consumo do produto. A cidade reúne qualitativa e quantitativamente as condições necessárias ao desenvolvimento do capitalismo, e por isso ocupa o papel de comando na divisão social do trabalho.

Não vamos cair na confusão de identificar a cidade com o capitalismo, porque este modo de produção também está no campo e só é possível de se reproduzir através do aumento da articulação entre a cidade e o campo. A cidade é o lugar onde se concentra a força de trabalho e os meios necessários à produção em larga escala – a industrial –, e, portanto, é o lugar da gestão, das decisões que orientam o desenvolvimento do próprio modo de produção, comandando a divisão territorial do trabalho e articula a ligação entre as cidades da rede urbana e entre as cidades e o campo. Determina o papel do campo neste processo, e estimula a constituição da rede urbana.

No que se refere à determinação pela cidade, do papel do campo na economia capitalista, há que se destacar a eliminação da produção de subsistência no campo, através da especialização das unidades produtivas. A acentuação da especialização funcional que a indústria provocou, estendeu-se para o campo. Quando viajamos observando a paisagem rural, é marcante a monotonia imposta por quilômetros e quilômetros de soja em determinadas áreas e quilômetros e quilômetros de cana ou de espaços para criação de gado em outras áreas. As grandes propriedades monocultoras, sem espaços disponíveis para a produção alimentar nem mesmo dos que trabalham nesta produção, refletem os interesses do capitalismo. Neste contexto, a cidade deixou de ser apenas o lugar onde se concentra o excedente agrícola produzido no campo (lembram-se de sua origem?), mas passou a ser o lugar de toda a produção agrícola da sua transformação industrial, da sua comercialização, e portanto da sua redistribuição para o campo. A dona de casa de uma cidade do interior paulista talvez nem se dê conta de que ao escolher uma lata de massa de tomate ou um melão na prateleira do supermercado, está pagando por algo produzido, muitas vezes, a vinte quilômetros dali, mas que já circulou até a Grande São Paulo, para passar por um processo de industrialização ou para receber o selo da distribuição do CEAGESP. Até mesmo os trabalhadores do campo, algumas vezes boias-frias moradores da cidade, estão sujeitos a este esquema para satisfazerem suas necessidades de alimentação.

Esta industrialização do campo é possível justamente pelo aumento da produtividade, pela ampliação da capacidade de produção agrícola, através da absorção de formas de produção da indústria pelo campo – concentração dos meios de produção (neste caso, especialmente a da propriedade da terra), especialização da produção e mecanização. Estes mecanismos acentuam a articulação entre a cidade e o campo, transformando o rural em espaço altamente dependente do urbano, inclusive porque há um aumento do consumo da produção e dos serviços da cidade pelos moradores do campo. Esta articulação acentuada coloca em dúvida a própria distinção entre a cidade e o campo.

Em relação à constituição da rede e da hierarquia urbanas, temos que distinguir a aparência da essência. Referimo-nos, no capítulo anterior, ao fato de que o capitalismo acaba por anular todas as diferenças essenciais entre as cidades, provocando uma espécie de fusão dos diferentes tipos culturais. Vamos lembrar do exemplo de Nova York parecida com Tóquio ou São Paulo, ou observar que a garotinha de sete anos de Quixeramobim no Ceará quer comprar uma

Melissinha, tanto quanto a que mora em Ipanema no Rio de Janeiro, ou que tanto um garoto de dez anos da área metropolitana de Los Angeles como o da área metropolitana de São Paulo gostariam de ter uma camiseta com a estampa do He-Man. Esta homogeneização das paisagens e dos hábitos que o capitalismo desenvolve (a aparência) não pode ser confundida com uma homogeneização dos papéis dos lugares (a essência). A ampliação do processo de urbanização (aumento do número de cidades e formação de grandes áreas metropolitanas) determina a articulação entre os lugares e acentua a divisão social do trabalho que o capitalismo provoca e de que necessita para se reproduzir.

A Produção das Cidades

Castells afirma que a produção espacial como manifestação clara do capitalismo avançado, traduz-se em pelo menos três formas diferentes.

Em primeiro lugar, é clara a existência de grandes unidades de produção e consumo (a grande unidade industrial integrada ou o hipermercado, por exemplo). O resultado concreto é o aumento das áreas metropolitanas e a descentralização espacial das unidades produtivas, de consumo e de decisão no interior destes grandes aglomerados. Isto ajuda a entender porque o centro de São Paulo "envelhece" funcionalmente e perde em parte o seu papel catalisador em favor da criação de outros espaços como a Avenida Paulista ou as Marginais; ou porque entre 1960 e 1980, a população mundial vivendo no campo e nas pequenas cidades cresceu em 30%, enquanto a população que vive em grandes cidades aumentou em 107%.

A megalópole do nordeste dos Estados Unidos é talvez o melhor exemplo deste processo. Trata-se de uma grande região urbanizada de mais de 40 milhões de habitantes, com cerca de 600 quilômetros de comprimento, que articula várias áreas metropolitanas (Boston, Nova York, Filadélfia, Baltimore e Washington) através de intensas relações estabelecidas entre zonas rurais (para fornecimento de produtos primários perecíveis), lugares de lazer (que o turismo se encarrega de consumir), pontos de concentração industrial, áreas de forte concentração residencial (a população ocupa cerca de 20% do espaço total) e pontos de concentração de atividades terciárias e de negócios (só em Manhattan, centro nevrálgico de Nova York, trabalham diariamente 1,6 milhão de pessoas).

Um segundo ponto a ser destacado é o da ampliação da massa de assalariados, acompanhada segundo Castells de uma "diversificação de níveis de hierarquização no próprio interior da categoria social". Como o capitalismo monopolista em relação ao concorrencial diminui proporcionalmente o número de capitalistas em comparação ao de assalariados, e ao mesmo tempo precisa do aumento do número de especialistas, dado o desenvolvimento tecnológico alcançado, o que se dá é um aumento na diferença entre o maior e o menor salário. Basta pensar em qual é o piso salarial nacional (e muitos não recebem nem este mínimo) e compará-lo ao salário do grande executivo industrial, mais de cinquenta vezes maior.

A nível do urbano esta diferenciação se concretiza em áreas residenciais diversificadas em termos de padrão habitacional, infraestrutura, equipamentos e serviços urbanos. Quando passeamos pela ruas do Morumbi em São Paulo, distinguimo-lo rapidamente de São Miguel Paulista ou da Freguesia do Ó, e nos damos conta da segregação social também claramente manifesta nas formas espaciais. As diferenças entre as fotos são tão grandes, que parece difícil admitir que são paisagens do mesmo espaço.

Em terceiro lugar, o capitalismo precisa de uma concentração do poder político, e cria condições para a formação de uma tecnocracia, apoiada na "competência" dos especialistas, que a nível das cidades produz uma planificação urbana sem particularismos – os programas nacionais.

No capítulo anterior, destacamos a origem dos bairros operários ingleses e chamamos a atenção para a homogeneidade das construções. Hoje, quando olhamos para a periferia das cidades brasileiras (as de 5 mil ou as de 5 milhões de habitantes) deparamo-nos com a repetição dos grandes conjuntos habitacionais, que as COHABs da vida produzem em série, do mesmo jeito que a Brahma faz cervejas. As soluções são consumidas em larga escala, apesar de condições históricas muitas vezes diferentes. Que cidade brasileira hoje não quer se orgulhar de possuir um calçadão?

O leitor já deve ter percebido que para tentar concretizar as ideias aqui discutidas, temos lançado mão de exemplos de países ditos desenvolvidos e de países ditos subdesenvolvidos, o que mostra o traço globalizante do processo. Mas será que a urbanização no chamado Terceiro Mundo não tem a sua especificidade?

DESENVOLVIMENTO DESIGUAL

A industrialização como tradução maior do desenvolvimento das forças produtivas do nosso tempo tornou-se sinônimo de desenvolvimento. Sob esta ótica, segundo Singer, os países que não controlavam amplas fatias do mercado mundial, e o capital (financeiro e tecnológico) necessário a esta industrialização, não se desenvolveriam – permanecendo subdesenvolvidos.

Os livros didáticos reforçaram esta visão ao associar industrialização e urbanização, e classificar como países desenvolvidos, aqueles cuja população ativa ocupada no secundário fosse expressiva. Ao tratar deste grande conjunto dos "subdesenvolvidos" as diferenças eram marcantes. Como, de fato, muitos destes países viviam processos de industrialização (no caso do Brasil timidamente a partir da década de 30, e mais definitivamente a partir da década de 60), a dificuldade de classificação binária (desenvolvimento ou subdesenvolvimento) foi solucionada ideologicamente nos livros didáticos através da criação de mais uma categoria de classificação, a dos países em desenvolvimento. Esta "solução", que resolvia as dificuldades apresentadas pela estatística cada vez mais questionadora da identidade do trinômio desenvolvimento-industrialização-urbanização, tinha sustentação teórica na teoria do desenvolvimento por etapas. Mas para o senso comum e os alunos da 7ª série, através dos livros de Geografia, a impressão era de que nós do Terceiro Mundo estávamos apenas passando por etapas pelas quais os países desenvolvidos já passaram. E a classificação do Brasil, na "gavetinha" de países em desenvolvimento, sugeria o começo da nossa saída da condição de subdesenvolvimento, a partir da nossa industrialização crescente.

Nesse raciocínio, estaríamos vivendo uma etapa atrasada do desenvolvimento industrial, e os "problemas" urbanos do chamado Terceiro Mundo seriam superados pelas mesmas vias de superação encontradas pelo capitalismo industrial para as cidades europeias do século passado.

Esta explicação, aparentemente lógica, vai sendo questionada pelo dia a dia dos países classificados como em desenvolvimento, pois embora estejam se industrializando, abrigam o desemprego, a fome e a falta de moradias.

Esta análise se assenta na ideia de que o subdesenvolvimento é isolado, tendo o desenvolvimento como modelo para se superar. Isto significaria a não articulação entre desenvolvimento e subdesenvolvimento, e apenas a comparação entre níveis de desenvolvimento diferentes.

É fácil questionar esta análise quando nos lembramos de que a industrialização (sinônimo de desenvolvimento) tem sua origem na acumulação de capital, decorrente do renascimento comercial e da indústria manufatureira, "fenômenos" para os quais o pacto colonial era necessário. Além disso, esta indústria dos países "centrais" pôde se desenvolver através da descolonização (lembram-se como a Inglaterra apoiou este processo?), com vistas à formação e ampliação dos mercados consumidores necessários à produção em larga escala.

Isto quer dizer que há uma articulação desenvolvimento-subdesenvolvimento, e não apenas sequências ou fases de um desenvolvimento único, engendradas pelo capitalismo avançado, e concretizadas em diferentes escalas do território (partindo da cidade, passando pela região e atingindo o nível nacional). A evidência da articulação entre as economias nacionais sob o capitalismo, e de sua integração numa economia global é o fato de que apesar de haver um desenvolvimento/industrialização a nível mundial, ele seja *diferenciado*, embora *combinado*.

Nesta articulação entre os países "desenvolvidos" e "subdesenvolvidos" está a base do desenvolvimento do capitalismo monopolista, e neste movimento os "desenvolvidos" subordinam os "subdesenvolvidos", estabelecendo o que Castells denomina de desenvolvimento dependente.

A partir deste eixo teórico poder-se-ia explicar a classificação, num mesmo grupo, de países que compreendem níveis diferentes de desenvolvimento técnico, social e econômico, e culturas diferenciadas. A Índia, por exemplo, com sua organização secular, apresenta níveis de "subdesenvolvimento" semelhantes aos dos países recém-criados na África Central, com organização ainda tribal.

O que se tem é o desenvolvimento do modo de produção capitalista (historicamente formado nos países ocidentais) e a expansão em outros territórios, subordinando suas economias nacionais ao capitalismo "central", a partir da industrialização, ocasionando uma relação de dependência específica.

Histórica e espacialmente, os índices de urbanização são diferenciados, e determinados pelo tipo de dominação/subordinação estabelecido entre os países industriais e os dependentes.

Esta relação de dependência específica e, portanto, diferenciada histórica e espacialmente em relação a cada uma das economias dependentes, decorre do tipo e do grau de dominação-subordinação estabelecidos, e promove níveis de urbanização diferentes.

Neste sentido, não podemos explicar a urbanização destes países dependentes a partir de um processo de industrialização, como o vivido no século passado por alguns países europeus, ainda que o ritmo de crescimento urbano assemelhe-se e seja até mais acelerado que o daqueles países.

O tipo de dominação é dado pelo grau de integração à economia capitalista. Castells reconhece três tipos, que não são exclusivos, podendo coexistir sempre com o predomínio de um deles: dominação colonial, dominação capitalista comercial e dominação imperialista industrial e financeira.

No Brasil e no México, por exemplo, há, atualmente, um predomínio deste terceiro tipo de dominação, pois é grande o grau dos investimentos realizados; há o desenvolvimento de uma indústria local, controle do movimento de substituição de importações e estratégias estabelecidas para a remessa de lucros pelos grupos internacionais.

Há, de fato, um crescimento urbano acelerado, devido ao aumento das taxas de crescimento natural (pela diminuição do índice de mortalidade) e à migração rural-urbana (pelas questões estruturais vividas no campo, como o processo de concentração fundiária). Contudo, este crescimento manifesta-se na formação de uma rede urbana, marcada por uma superconcentração populacional e de investimentos capitalistas nos maiores aglomerados urbanos destes países, gerando a constituição de grandes metrópoles e uma distância entre estes aglomerados e o resto do país. A tabela 2 permite-nos verificar o grau de supremacia populacional de algumas metrópoles do chamado Terceiro Mundo.

Os ritmos acentuados de crescimento populacional urbano e a superconcentração de capital nacional e internacional nas metrópoles para a criação da infraestrutura necessária à reprodução capitalista, promoveram um aumento crescente de população não empregada que se "aloja", e não "habita" nos maiores centros urbanos. Este processo de "inchaço", manifesta-se numa série de "problemas" urbanos.

DE NOVO OS "PROBLEMAS" URBANOS

No capítulo 3 discutimos como o desenvolvimento do capitalismo industrial repercutiu sobre o espaço, causando impactos sobre as cidades, gerando uma série de problemas que nós entendemos como problemas *no* urbano, por considerarmos que não são causados pela cidade, mas que decorrem da forma como o modo de produção capitalista se desenvolveu.

A segunda metade do século XX é marcada por uma urbanização acelerada nos países de economia dependente, e suas cidades

TABELA II

Áreas Metropolitanas	Porcentagem da pop. metropolitana sobre a pop. total		nº de vezes maior que o 2º aglomerado urbano do país	
	1950	1980-85	1950	1980-85
Montevidéu	32,7	41,7	17,0	17,3(*)
Assunção	15,4	13,1	12,9	6,8
Buenos Aires	29,7	32,1	8,9	9,8
Guatemala	10,6	9,2	8,2	10,0
Havana	21,4	19,9	7,4	5,6
Lima	12,4	21,2	7,3	8,9
México	11,5	21,9	7,2	8,4
Santiago	22,4	35,6	4,4	13,7
La Paz	11,5	14,4	4,1	2,3
Manágua	13,3	21,5	3,9	2,8
Santo Domingo	11,2	21,5	3,7	4,7
Panamá	23,9	18,2	3,1	6,2
Caracas	15,7	17,5	2,9	3,3
Bogotá	6,2	21,3	2,0	2,9
Rio de Janeiro	5,9	–	1,2	–
São Paulo (**)		10,8		1,5

Fonte para 1950 – HARLEY L. BROWNING, "Recent trends in Latin-American urbanization", *The Annals, março/1958.*
Fonte para 1980-85 – Almanaque Abril – 1987.

(*) Os dados para Montevidéu são de 1975.
(**) Nos casos do Rio de Janeiro e São Paulo, em 1950 a primazia era a da primeira, sendo depois da segunda.

manifestam todo tipo de problemas, relacionados ao "inchaço" populacional que vivem.

Numa análise, a nosso ver ideologicamente comprometida, muitos compararam estes problemas aos vividos pelas cidades inglesas no século XIX, reforçando aquela interpretação de que estaríamos vivendo etapas que os países industrializados já tinham vivido. Esta visão passa a mensagem de que esta desordem urbana, e todos os problemas dela decorrentes são conjunturais, e derivam de um crescimento populacional muito rápido dos grandes centros urbanos, isto porque o crescimento vegetativo seria alto, e a migração intensa. A cidade, segundo esta interpretação, seria muito atraente para o homem do campo.

Para os que fazem esta leitura da realidade, as soluções (ainda que não explicitadas claramente) são o controle da natalidade e a fixação do homem no campo – como se a migração não tivesse sido a única opção para aqueles que já enfrentaram todos os tipos de problemas na área rural. Transferiram-se os problemas – estão espacialmente concentrados na cidade, mas continuam a existir no campo. Que problemas são estes? Os jornais encarregam-se de nos trazer diariamente um esboço deles. Nas grandes cidades, a falta de habitações, de água encanada, de esgotos, de creches, escolas, hospitais, transportes coletivos e até de áreas de lazer dão uma mostra ampliada das dificuldades que podem ser detectadas, ainda que em escala menor, até mesmo nas cidades de cinquenta mil habitantes dos países de economia dependente.

Em Belo Horizonte havia, em 1982, cerca de quinhentas favelas.

Apenas 36% da região metropolitana de Recife é servida de água encanada, e mais da metade da população vive em mocambos – áreas de ocupação clandestina, genericamente denominadas favelas.

Só 5% da população de Belém e 15% da de Fortaleza têm esgotos, e em São Paulo, a maior área industrial do país, este índice é de 33%.

Em Adis-Abeba, principal cidade da Etiópia, dezenas de crianças morrem diariamente pela desnutrição.

O índice de favelização em São Paulo é menor do que o do Rio de Janeiro (cerca de 10%), mas a proporção de pessoas que moram em cortiços é da ordem de 25%.

Em Caracas (Venezuela) 30% das pessoas moram em favelas, e em Lima (Peru) esta proporção é de 75%.

Nas calçadas de Bombaim (Índia) "moram" milhares de pessoas, que durante o dia têm que perambular pelas ruas, à espera da noite para procurar novo abrigo. Pela manhã, o caminhão da prefeitura passa para recolher os cadáveres.

Da população que está em idade de trabalhar, apenas 45% está empregada em Recife.

Na favela de Heliópolis (a maior de São Paulo) moram sessenta mil pessoas. O governo do estado está construindo duzentas moradias, para promover a desfavelização da área; a faixa salarial exigida para a aquisição de uma destas casas é de quatro pisos salariais. Quem poderá comprá-las?

Mais de 30% da população de Salvador mora em Alagados.

Nas cidades de Bangladesh, a renda *per capita* é 13 vezes menor que a do Brasil, que é por sua vez dez vezes menor que a dos Estados Unidos.

No Chile, a taxa de desemprego é de 19%, fortemente concentrado em Santiago, onde moram 35% da população do país.

Heliópolis, a maior favela de São Paulo, onde vivem sessenta mil pessoas.

Poderíamos preencher páginas e páginas com dados deste tipo, e reforçar a evidência de que há muitos problemas nos países de economia dependente, que se traduzem em dificuldades concretas para o dia a dia dos habitantes das cidades. Mas de todos os habitantes? E só os das cidades?

Vamos refletir sobre as duas perguntas ao mesmo tempo.

O acesso a uma moradia decente não depende de se dar tempo para a construção de mais casas, mas de se poder pagar por elas. Alguns podem fazê-lo; para a maioria isto se apresenta como um problema.

A possibilidade de acesso à moradia, por exemplo, está subordinada ao nível salarial. Ao discutirmos o desenvolvimento do capitalismo monopolista, vimos como a troca desigual apoia-se no fato de que os trabalhadores de todo o mundo capitalista recebem salários diferentes para produzir riquezas de mesmo valor. De fato, nós sabemos que o trabalhador que recebe o piso salarial nacional, não consegue sequer alimentar devidamente sua família, o que dizer de ter acesso a uma moradia, pela compra ou aluguel do imóvel.

A segunda faceta da questão está embutida na primeira. Na economia capitalista, tudo se torna mercadoria até mesmo a terra. O preço do aluguel ou da compra do imóvel é determinado pelo fato de ser um bem indispensável à vida, de ser propriedade de alguns homens e não ser de outros, e de que nas cidades o seu valor se eleva pelo alto nível de concentração populacional e de atividades.

Uma terceira questão é a acentuada divisão social do trabalho imposta pelo capitalismo avançado e de forma ainda mais definitiva no urbano. Isto quer dizer que os trabalhadores da cidade têm que comprar muito mais bens e serviços necessários à sua vida do que o homem do campo. Além disso, devido à alta densidade populacional, a vida na cidade não pode prescindir de infraestrutura, equipamentos e serviços urbanos que a vida no campo dispensa.

Dá para imaginar uma cidade de cinco milhões de habitantes, onde mais da metade da população não é servida por coleta de lixo? Ela existe, por aí, em muitos cantos do chamado Terceiro Mundo. E o esgoto é dispensável? Ele falta em muitas cidades. O que acontece com o descanso de um trabalhador se ele gasta quatro horas por dia para se deslocar de casa para o trabalho e de volta para casa?

Estes problemas poderiam ser amenizados ainda que os salários não fossem altos, porque a solução deles não precisava passar pela compra individual de um caminhão de lixo para recolher o lixo da minha porta, ou pelo pagamento também individual dos custos de abertura de canaletas para implantar o esgoto no meu bairro, ou pela aquisição de um veículo para cada membro da família – o que o trânsito da cidade nem suportaria. Estes bens e serviços são coletivos e devem ser implantados pelo Estado, que numa economia dependente não dispõe de recursos para todas estas necessidades – muito embora alguns como a Índia e o Brasil, apliquem enormes verbas para o desenvolvimento nuclear. E como o Estado (com a tutela do FMI) investe estes poucos recursos?

A nível intraurbano, o poder público escolhe para seus investimentos em bens e serviços coletivos, exatamente os lugares da cidade onde estão os segmentos populacionais de maior poder aquisitivo; ou que poderão ser vendidos e ocupados por estes segmentos pois é preciso valorizar as áreas. Os lugares da pobreza, os mais afastados, os mais densamente ocupados vão ficando no abandono...

Será que a cidade cresce desordenadamente, porque ela não está sob planejamento? Será que o Estado (subjugado pelas classes dominantes) é neutro ao planejar seus investimentos? Um passeio pelas ruas de São Paulo permite-nos verificar que a escolha dos lugares dos investimentos públicos não é imparcial (e existe a imparcialidade?). Há inúmeros terrenos desocupados na cidade paulistana, mas o tecido urbano cresce desmesuradamente na periferia. As contradições sociais impostas pelo desenvolvimento capitalista estão impressas na estrutura e na paisagem urbana. A opção do Estado parece clara...

SUGESTÕES DE LEITURA

Muitos textos colaboraram direta ou indiretamente para a organização das ideias contidas neste livro. Alguns autores foram citados à medida que expressamos suas ideias. A bibliografia sobre o tema "Capitalismo e Urbanização" é grande e vamos nos referir aqui a algumas obras básicas.

Se o leitor pretende "mergulhar" um pouco mais na história da urbanização, pode consultar MUNFORD, Lewis – *A cidade na história*, Itatiaia, Belo Horizonte, 1965; SJOBERG, Gideon – "Origem e evolução das cidades". In: DAVIS, K. et alii. *Cidades: a urbanização da humanidade*, Zahar, Rio de Janeiro, 1972; JOHNSON, James – "El origen de las primeras ciudades", In: *Geografia urbana*, Oikostau, Barcelona, 1974; PIRENNE, Henri – *História Econômica e Social da Idade Média*, Mestre Jou, São Paulo, 1965; MANTOUX, Paul – *A revolução industrial no século XVIII*, UNESP e Hucitec, São Paulo, 1988. Uma obra destaca-se pela riqueza das ilustrações que permite ao leitor conceber como eram as cidades do passado, comparando-as com as de hoje. É o livro de BENEVOLO, Leonardo – *História da cidade*, Perspectiva, São Paulo, sem data de publicação.

Outros autores podem ser indicados, se a intenção é aprofundar as análises teóricas sobre a temática. No que se refere ao desenvolvimento do capitalismo, podemos citar: MARX, Karl – *O Capital*, Civilização Brasileira, São Paulo, 1974; DOBB, Maurice – *Evolução do capitalismo*, Zahar, Rio de Janeiro, 1965; LIPIETZ, Alain – *O capital e seu espaço*, Nobel, São Paulo, 1988. Para quem quer se iniciar no assunto, pode escolher à publicação da Coleção

Primeiros Passos: CATANI, Afrânio Mendes – *O que é capitalismo*, Brasiliense, São Paulo, 1981.

Se o interesse maior é aprofundar-se na análise da urbanização, pelo menos três obras devem servir de base: LEFÈBVRE, Henri – *O direito à cidade*, Documentos, São Paulo, 1969; CASTELLS, Manuel – *A questão urbana*, Paz e Terra, Rio de Janeiro, 1983; SINGER, Paul – *Economia Política da urbanização*, Brasiliense e CEBRAP, São Paulo, 1977 (destaque para a introdução). Sobre os "problemas" urbanos desde a Revolução Industrial, uma série de textos são interessantes. Sobre a questão no século XIX, destacam-se os trabalhos de ENGELS, Friedrich – *A situação da classe trabalhadora na Inglaterra*, Presença, Portugal, 1975 e *A questão da habitação*, Aldeia Global, São Paulo, 1979. Sobre esta questão na realidade brasileira, sugerimos para leitura: GONÇALVES, Carlos Walter Porto, "Um passeio pela ordem do caos urbano", In: *Paixão da Terra*, Rocco e SOCII, Rio de Janeiro, 1984: 63-79; KOWARICK, Lúcio – *A espoliação urbana*, Paz e Terra, Rio de Janeiro, 1980; SANTOS, Milton – *A urbanização desigual*, Vozes, Petrópolis, 1980 (este último, tratando da especificidade do fenômeno urbano em países subdesenvolvidos).

Para trabalhar a questão da habitação, sugerimos outro texto desta mesma coleção *Repensando a Geografia*, que é o de RODRIGUES, Arlete Moysés – *Moradia nas cidades brasileiras*, Contexto, São Paulo, 1988.

O LEITOR NO CONTEXTO

Se o leitor mora numa grande cidade, deve ter de uma forma ou de outra reconhecido no texto alguma faceta da problemática do urbano contemporâneo, identificando-a com o seu dia a dia. Se mora numa cidade menor, talvez os "problemas" não transpareçam claramente na paisagem urbana. Uma observação mais acurada pode levar à identificação e à reflexão sobre as condições de vida nas cidades capitalistas, sejam elas grandes ou pequenas.

Sugerimos para tal, um conjunto de atividades que podem criar as condições para esta reflexão, sejam elas objeto de trabalho junto aos alunos de 1º e 2º graus, junto à associação do bairro, ao seu partido, a sua comunidade religiosa, ou em qualquer outro nível de atuação.

Esperamos que a leitura deste livro tenha permitido ao leitor, em primeiro lugar, uma mudança de atitude frente ao urbano, isto é, não entendê-lo por ele mesmo, mas no contexto histórico do capitalismo monopolista.

A partir desta postura, propomos uma pequena excursão pela sua cidade, ou pelo setor da cidade que se constitui o espaço da sua vida de relações, onde mais do que *olhar* a paisagem urbana, é preciso *ver* como está sendo utilizado este espaço urbano. Tente observar onde estão localizadas as atividades econômicas – o espaço da produção e como estão sendo distribuídas as áreas residenciais e de lazer – o espaço da nossa reprodução. Nesta atividade é importante verificar de que forma estão distribuídos os equipamentos, a infraestrutura e os serviços urbanos, para constatar se eles estão concentrados nas áreas onde moram mais pessoas. A questão ambiental vai comparecer como algo a ser estudado, porque a degradação de que tanto se fala nas áreas urbanas, tem a ver com a forma como o espaço é produzido e consumido no capitalismo.

Ainda que o leitor more numa cidade pequena, procure se informar se já há áreas de ocupação clandestina (favelas) e de que maneira se formaram. A melhor forma de se recuperar esta história, é uma boa conversa com os próprios favelados, pois eles sentem necessidade de falar sobre este problema que aflige o seu cotidiano, e conseguem avaliar como a questão da propriedade privada da terra coloca-se como o empecilho para que os segmentos sociais de baixos salários possam ter sua moradia. É preciso fazer um esforço para ver a favela desvinculada da imagem de degradação da paisagem que deve ser extirpada da cidade, para além da sua aparência.

Esta pequena excursão, acompanhada de entrevistas, conversas, anotações, pode ser precedida por um levantamento do que há escrito sobre a sua cidade, ou sobre a área que pretende que seja analisada. Livros, revistas, jornais, atas da Câmara Municipal são boas fontes. A memória do processo de estruturação do urbano está registrada de forma muito clara na cabeça dos mais velhos. Quantas vezes à mesa do jantar, nossos pais fazem ótimos relatos de como era o centro da cidade, ou o nosso bairro, quando do eles foram habitar ali. A recuperação do histórico é fundamental para entender a cidade de hoje e avaliar como houve algumas transformações radicais nos últimos anos.

O mapeamento destas informações e das observações feitas permite uma visão de como está sendo utilizado o nosso espaço urbano, tanto no que diz respeito a diferentes formas de uso do solo, como, sobretudo, a maneira como os seus habitantes, de acordo com suas condições de classe social, utilizam este espaço e têm acesso às benfeitorias construídas pelo trabalho social acumulado durante anos.

A reflexão pode tornar-se mais profunda, se este trabalho de campo for acompanhado por leituras que permitam a discussão sobre a urbanização e seus "problemas" a nível mais amplo (as sugestões bibliográficas contidas neste livro podem ser o primeiro passo nesta perspectiva). Se possível, estas leituras devem ser debatidas no grupo (com alunos, ou com companheiros de associação, partido ou comunidade). Muitas vezes é possível convidar para este debate, alguém que tenha estudado algum tema relevante para o entendimento do urbano, ou tenha experiência de atuação deste nível, ou apenas (o que é muito) tenha boas histórias de vida para relatar. Este rol de atividades, este olhar a cidade para vê-la, deverá permitir ao leitor uma reflexão mais profunda sobre as formas como o espaço urbano é produzido e apropriado no capitalismo, e concluir que o crescimento desordenado e caótico das nossas cidades não é resultado da falta de planejamento, não será superado dentro do contexto econômico, social e político que vivemos, e não resulta de uma ação sem agentes. A constatação do porquê e no interesse de que classes sociais, o Estado e os proprietários urbanos produzem a cidade é apenas a primeira etapa do processo de reflexão. Começar a atuar, através da conscientização dos alunos e através da participação mais efetiva em diferentes níveis de organização, significa passar da constatação para a transformação.